UML 软件建模（项目教学版）

主　编　田林琳　李　鹤
副主编　李　莹　杨　玥　梁　爽　吴晓艳

北京理工大学出版社
BEIJING INSTITUTE OF TECHNOLOGY PRESS

内 容 简 介

统一建模语言（Unified Modeling Language，UML）是面向对象软件的标准化建模语言。UML 是面向对象软件系统分析设计的必备工具，也是广大软件系统设计人员、开发人员、项目管理员、系统工程师和分析员必须掌握的基础知识。本书通过案例——图书借阅系统贯穿始终，让学生掌握面向对象程序分析设计的过程，并学会用 Rational Rose 建模工具创建 UML 图和图中模型元素。最后通过一个集课程资源共享、机考平台、论坛等实用功能于一体的综合实验——网络学习平台，帮助学生固化理论知识，提升实践动手能力。

本书适用于 UML 和 Rational Rose 的初、中级用户，可以作为本科院校计算机和软件相关专业的教学用书或参考书，也适合作为各类软件开发人员的学习和参考用书。

版权专有　侵权必究

图书在版编目（CIP）数据

UML 软件建模/田林琳，李鹤主编. —北京：北京理工大学出版社，2018.6
（2021.8 重印）
ISBN 978-7-5682-5811-1

Ⅰ.①U… Ⅱ.①田… ②李… Ⅲ.①面向对象语言-程序设计 Ⅳ.①TP312.8

中国版本图书馆 CIP 数据核字（2018）第 145233 号

出版发行 / 北京理工大学出版社有限责任公司	
社　　址 / 北京市海淀区中关村南大街 5 号	
邮　　编 / 100081	
电　　话 /（010）68914775（总编室）	
（010）82562903（教材售后服务热线）	
（010）68944723（其他图书服务热线）	
网　　址 / http：//www.bitpress.com.cn	
经　　销 / 全国各地新华书店	
印　　刷 / 三河市天利华印刷装订有限公司	
开　　本 / 787 毫米×1092 毫米　1/16	
印　　张 / 12.5	责任编辑 / 王玲玲
字　　数 / 308 千字	文案编辑 / 王玲玲
版　　次 / 2018 年 6 月第 1 版　2021 年 8 月第 3 次印刷	责任校对 / 周瑞红
定　　价 / 33.80 元	责任印制 / 李志强

图书出现印装质量问题，请拨打售后服务热线，本社负责调换

前　言

UML 是当前比较流行的一种建模语言，该语言以图形化的方式对软件系统进行分析和设计，是一款定义明确、功能强大、受到软件行业普遍认可、可适用于广泛领域的建模语言。

Rational Rose 是目前最受业界瞩目的可视化软件开发工具，通过 Rational Rose 能用一种统一的方式设计各种项目的 UML 图。

本书包含了 UML 的基础知识、UML 的基本元素及 UML 的使用方法，在讲述 UML 的使用过程时，是结合学生熟悉的项目图书借阅系统进行讲解的。学生在项目案例教学的过程中，体会如何进行面向对象的分析设计，如何将分析和设计的结果转化为 UML 模型。书中详细讲解了 Rational Rose 的使用方法，学生能从中感受到 Rational Rose 开发 UML 的便捷性和高效性。此外，在每个章节后面还提供了一定数量的习题，帮助学生固化理论知识。最后通过一个集课程资源共享、机考平台、论坛等实用功能于一体的综合实验——网络学习平台，帮助学生提升实践动手能力。

本书特点：

（1）本书通过先进的建模工具、完整的软件模型、系统的 UML 知识，由浅入深、循序渐进地让读者学会应用 UML 知识，构思软件模型，绘制 UML 图。本书选用 Rational Rose 2007 进行软件建模。第 1 章和第 2 章介绍了软件工程和面向对象基础，对 UML 和 Rational Rose 进行了概述。第 3～10 章详细介绍了 UML 用例图、类图、对象图、序列图、协作图、活动图、状态图、包图、构件图、配置图的作用、模型元素和绘制方法。最后是综合实验网络学习平台的 UML 建模。

（2）项目教学，全过程设置了 6 个合理的教学环节：项目背景、项目任务、预备知识、项目实施、同步训练、单元习题。通过图书借阅项目贯穿始终，能让学生学会在现实项目中如何应用 UML 建模。最后通过一个完整的案例网络学习平台，让学生亲身体验系统分析设计的过程，完成 UML 建模，更扎实地构建自己的 UML 知识体系。

本书由沈阳工学院教师田林琳、李鹤主编，李莹、杨玥、梁爽、吴晓艳（沈阳理工大学）参与部分章节的编写。此外，参与本书编写工作的还有郝雪燕、王羚伊、高晶、袁田、孙瑜等。

在本书的编写过程中，借鉴了许多现行教材的宝贵经验，在此，谨向这些教材的作者表示诚挚的感谢。由于时间仓促，加之编者水平有限，书中难免有不足之处，敬请广大读者批评指正。

编　者

目 录

理 论 篇

第1章 概述 ········ 3
- 1.1 软件工程概述 ········ 3
- 1.2 面向对象设计概述 ········ 4
  - 1.2.1 面向对象基本概念 ········ 4
  - 1.2.2 面向对象三大要素 ········ 5
- 1.3 UML概述 ········ 6
  - 1.3.1 UML发展历史 ········ 6
  - 1.3.2 UML的内容 ········ 7
  - 1.3.3 UML的特点 ········ 8
  - 1.3.4 UML的用途 ········ 9
- 1.4 模型元素 ········ 9
  - 1.4.1 事物 ········ 9
  - 1.4.2 关系 ········ 10
- 1.5 UML图 ········ 11
- 1.6 视图 ········ 13
  - 1.6.1 "RUP 4+1"视图 ········ 14
  - 1.6.2 UML视图 ········ 15
- 1.7 UML的通用机制 ········ 16
  - 1.7.1 修饰 ········ 16
  - 1.7.2 注释 ········ 16
  - 1.7.3 规格说明 ········ 17
  - 1.7.4 通用划分 ········ 17
  - 1.7.5 扩展机制 ········ 18
- 1.8 单元习题 ········ 19

第2章 Rational统一过程 ········ 20
- 2.1 概述 ········ 20

2.2　6个最佳实践的有效部署 ·· 21
2.3　过程简介 ·· 22
　　2.3.1　阶段和迭代——时间轴 ·· 22
　　2.3.2　开发过程中的静态结构（Static Structure of the Process）········ 26
2.4　Rational Rose 2007 的安装 ·· 27
2.5　Rational Rose 的使用 ··· 33
　　2.5.1　Rational Rose 的启动页面 ·· 33
　　2.5.2　Rational Rose 的操作页面 ·· 35
　　2.5.3　基本操作 ·· 38
2.6　Rational Rose 四种视图模型 ·· 42
2.7　单元习题 ·· 52

实 践 篇

第3章　用例图 ·· 55
3.1　项目背景 ·· 55
3.2　项目任务 ·· 56
3.3　预备知识 ·· 56
　　3.3.1　参与者 ·· 56
　　3.3.2　用例 ··· 57
　　3.3.3　用 Rational Rose 制作用例图 ······································ 59
3.4　项目实施 ·· 63
　　3.4.1　任务1——确定参与者 ··· 63
　　3.4.2　任务2——确定用例 ·· 64
　　3.4.3　任务3——用例之间的关系 ·· 64
　　3.4.4　任务4——用例描述 ·· 65
3.5　同步训练 ·· 67
　　3.5.1　课堂实战 ·· 67
　　3.5.2　课后练习 ·· 67
3.6　单元习题 ·· 68

第4章　类图与对象图 ··· 69
4.1　项目背景 ·· 69
4.2　项目任务 ·· 69
4.3　预备知识 ·· 70
　　4.3.1　类图 ··· 70
　　4.3.2　类之间的关系 ·· 72
　　4.3.3　对象图 ·· 74

4.3.4 用 Rational Rose 制作类图 ·············· 75
　4.4 项目实施 ·············· 79
　　　4.4.1 任务1——画类图 ·············· 79
　　　4.4.2 任务2——确定类之间的关系 ·············· 81
　4.5 同步训练 ·············· 81
　　　4.5.1 课堂实战 ·············· 81
　　　4.5.2 课后练习 ·············· 84
　4.6 单元习题 ·············· 85

第5章 序列图 ·············· 86
　5.1 项目背景 ·············· 86
　5.2 项目任务 ·············· 86
　5.3 预备知识 ·············· 86
　　　5.3.1 序列图定义 ·············· 86
　　　5.3.2 序列图作用 ·············· 87
　　　5.3.3 序列图的组成 ·············· 87
　　　5.3.4 Rational Rose 基本操作 ·············· 89
　5.4 项目实施 ·············· 93
　　　5.4.1 任务1——确定对象 ·············· 93
　　　5.4.2 任务2——确定对象之间的调用 ·············· 94
　5.5 同步训练 ·············· 96
　　　5.5.1 课堂实战 ·············· 96
　　　5.5.2 课后练习 ·············· 98
　5.6 单元习题 ·············· 103

第6章 协作图 ·············· 104
　6.1 项目背景 ·············· 104
　6.2 项目任务 ·············· 104
　6.3 预备知识 ·············· 105
　　　6.3.1 协作图的含义 ·············· 105
　　　6.3.2 协作图的作用 ·············· 105
　　　6.3.3 协作图的元素 ·············· 106
　　　6.3.4 Rational Rose 基本操作 ·············· 106
　6.4 项目实施 ·············· 109
　　　6.4.1 任务1——确定对象 ·············· 109
　　　6.4.2 任务2——关联对象 ·············· 110
　6.5 同步训练 ·············· 111
　　　6.5.1 课堂实战 ·············· 111

  6.5.2 课后练习 111

 6.6 单元习题 115

第 7 章　活动图 116

 7.1 项目背景 116

 7.2 项目任务 116

 7.3 预备知识 117

  7.3.1 活动图的含义 117

  7.3.2 活动图的作用 117

  7.3.3 活动图的组成元素 120

  7.3.4 Rational Rose 基本操作 122

 7.4 项目实施 126

  7.4.1 任务 1——确定需求用例 126

  7.4.2 任务 2——确定用例路径 126

  7.4.3 任务 3——创建活动图 127

 7.5 同步训练 128

  7.5.1 课堂实战 128

  7.5.2 课后练习 128

 7.6 单元习题 130

第 8 章　状态图 131

 8.1 项目背景 131

 8.2 项目任务 131

 8.3 预备知识 132

  8.3.1 状态图的含义 132

  8.3.2 状态图的作用 132

  8.3.3 状态图的组成元素 133

  8.3.4 Rational Rose 基本操作 137

 8.4 项目实施 141

  8.4.1 任务 1——确定状态图的实体 141

  8.4.2 任务 2——确定状态图中实体的状态 141

  8.4.3 任务 3——创建相关事件 142

 8.5 同步训练 142

  8.5.1 课堂实战 142

  8.5.2 课后练习 142

 8.6 单元习题 142

第 9 章　包图 144

 9.1 项目背景 144

9.2 项目任务 …………………………………………………………………… 144
9.3 预备知识 …………………………………………………………………… 145
    9.3.1 模型的组织结构 …………………………………………………… 145
    9.3.2 包的命名和可见性 ………………………………………………… 145
    9.3.3 包的构造型和子系统 ……………………………………………… 146
    9.3.4 包的嵌套 …………………………………………………………… 147
    9.3.5 包的联系 …………………………………………………………… 147
    9.3.6 用 Rational Rose 制作包图 ……………………………………… 148
9.4 项目实施 …………………………………………………………………… 149
    9.4.1 任务1——创建包 ………………………………………………… 149
    9.4.2 任务2——创建包关联 …………………………………………… 150
9.5 同步训练 …………………………………………………………………… 150
9.6 单元习题 …………………………………………………………………… 150

第10章 构件图和部署图 …………………………………………………………… 151
10.1 项目背景 …………………………………………………………………… 151
10.2 项目任务 …………………………………………………………………… 151
10.3 预备知识 …………………………………………………………………… 151
    10.3.1 构件 ………………………………………………………………… 151
    10.3.2 构件之间的关系 …………………………………………………… 153
    10.3.3 部署图 ……………………………………………………………… 153
    10.3.4 用 Rational Rose 制作构件图和部署图 ………………………… 154
10.4 项目实施 …………………………………………………………………… 157
    10.4.1 任务1——创建构件图 …………………………………………… 157
    10.4.2 任务2——创建部署图 …………………………………………… 159
10.5 同步训练 …………………………………………………………………… 159
10.6 单元习题 …………………………………………………………………… 159

综合实验——网络学习平台 …………………………………………………………… 160
参考文献 ……………………………………………………………………………… 188

理 论 篇

第 1 章

概 述

1.1 软件工程概述

从 20 世纪 60 年代中期到 70 年代中期，软件行业进入了一个大发展时期。这一时期软件作为一种产品开始被广泛使用，同时出现了所谓的软件公司。这一时期的软件开发方法仍然沿用早期的自由软件开发方式。但是随着软件规模的急剧膨胀，软件的需求日趋复杂，软件的性能要求相对变高。随之而来的软件维护难度也越来越大，开发的成本相应增加，导致失败的软件项目比比皆是，这样的一系列问题导致了"软件危机"。

1965 年，前北大西洋公约组织的科技委员会召集了一批一流的程序员、计算机科学家及工业界人士共商对策，他们主张通过借鉴传统工业的成功做法，通过工程化的方法开发软件来解决软件危机，这一主张被冠以"软件工程"的名称。50 余年来，尽管软件行业的一些毛病仍然无法根治，但软件行业的发展速度却超过了任何传统工业，并未出现真正的软件危机。如今软件工程已成了一门学科。

软件工程是一门建立在系统化、规范化、数量化等工程原则和方法上的，关于软件开发各个阶段的定义、任务和作用的工程学科。软件工程包括两方面内容：软件开发技术和软件项目管理。软件开发技术包括软件开发方法学、软件工具和软件工程环境；软件项目管理包括软件度量、项目估算、进度控制、人员组织、配置管理和项目计划等。

经典的软件工程思想将软件开发分成需求捕获、系统分析与设计、系统实现、测试和维护五个阶段。

1. 需求捕获（Requirement Capture）阶段

需求捕获阶段就是通常所说的开始阶段。实际上真正意义上的开始阶段要做的是选择合适的项目——立项阶段。涉及项目的选取、可行性分析、需求定义等过程。需求捕获的过程非常重要，是整个开发过程的基础，直接影响着后面各阶段的发展。

2. 系统分析与设计（System Analysis and Design）阶段

系统分析与设计包括分析和设计两个阶段，这两个阶段是相辅相成、不可分割的。通常情况下，这个阶段是在系统分析员的领导下完成的，系统分析员不仅要具备深厚的计算机硬件与软件的专业知识，还要对相关业务有一定的了解。系统分析通常是与需求捕获同时进行的，而系统设计一般是在系统分析之后进行的。

3. 系统实现（system Implementation）阶段

系统实现阶段也就是通常所说的编码（Coding）阶段。在软件工程思想出现之前，这基本上就是软件开发的全部内容，而在现代的软件工程中，编码阶段所占的比重正在逐渐缩小。

4. 测试（Testing）阶段

测试阶段的主要任务是通过各种测试思想、方法和工具，使软件 Bug 降到最低。微软（Microsoft）宣称他们采用零 Bug 发布的思想确保软件的质量，也就是说，只有当测试阶段达到没有 Bug 时，他们才将产品发布。测试是一项很复杂的工程。

5. 维护（Maintenance）阶段

在软件工程思想出现之前，这一阶段是令所有与之相关的角色头疼的。可以说，软件工程思想很大程度上是为了解决软件维护的问题而提出的。因为，软件工程有三大目的——软件的可维护性、软件的可复用性和软件开发的自动化，可维护性就是其中之一，并且软件的可维护性是复用性和开发自动化的基础。在软件工程思想得到迅速发展的今天，虽然软件的可维护性有了很大的提高，但目前软件开发中所面临的最大的问题仍是维护问题。每年都有许多软件公司因为无法承担对其产品的高昂的维护成本而宣布破产。

值得注意的是，软件工程主要讲述软件开发的道理，基本上是软件实践者的成功经验和失败教训的总结。软件工程的观念、方法、策略和规范都是朴实无华的，一般人都能领会，关键在于运用，不可以在出了问题后才想到查阅软件工程的知识，而应该事先掌握，预料将要出现的问题，控制每个实践环节，防患于未然。

1.2　面向对象设计概述

面向对象技术现在已经逐渐取代了传统的技术，成为当今计算机软件工程学中的主要开发技术，随着面向对象技术的不断发展，越来越多的软件开发人员加入了它的阵营之中。面向对象技术之所以会被广大的软件开发人员所青睐，是由于它作为一种先进的设计和构造软件的技术，使计算机以更符合人的思维方式去解决一系列的编程问题。使用面向对象技术编写的程序极大地提高了代码复用程度和可扩展性，使编程效率也得到了极大的提高，同时减少了软件维护的代价。

1.2.1　面向对象基本概念

面向对象技术是一种以对象为基础，以事件或消息来驱动对象执行处理的程序设计技术。从程序设计方法上来讲，它是一种自下而上的程序设计方法，它不像面向过程程序设计那样一开始就需要使用一个主函数来概括出整个程序，面向对象程序设计往往从问题的一部分着手，一点一点地构建出整个程序。面向对象设计是以数据为中心，使用类作为表现数据的工具，类是划分程序的基本单位。而函数在面向对象设计中成了类的接口。以数据为中心而不是以功能为中心来描述系统，相对来讲，更能使程序具有稳定性。它将数据和对数据的操作封装到一起，作为一个整体进行处理，并且采用数据抽象和信息隐藏技术，最终将其抽象成一种新的数据类型——类。类与类之间的联系及类的重用出现了类的继承、多态等特性。类的集成度越高，越适合大型应用程序的开发。另外，面向对象程序的控制流程运行时，是事件进行驱动的，而不再由预定的顺序进行执行。事件驱动程序的执行围绕消息的产生与处理，靠消息的循环机制来实现。更加重要的是，可以利用不断成熟的各种框架，比如.NET 中的.NET Framework 等。在实际的编程过程中，使用这些框架能够迅速地将程序构建起来。面向对象的程序设计方法还能够使程序的结构清晰简单，能够大大提高代码的重用性，有效地减少程序的维护量，提高软件的开发效率。

在结构上，面向对象程序设计和结构化程序设计也有很大的不同。结构化程序设计首先应该确定的是程序的流程怎样走，函数间的调用关系怎样，也就是函数间的依赖关系是什么。一个主函数依赖于其子函数，这些子函数又依赖于更小的子函数，而在程序中，越小的函数处理的往往是细节的实现，这些具体的实现又常常变化。这样的结果，就使程序的核心逻辑依赖于外延的细节。程序中本来应该是比较稳定的核心逻辑，也因为依赖于易变化的部分，而变得不稳定起来，一个细节上的小小改动，也有可能在依赖关系上引发一系列变动。可以说这种依赖关系也是过程式设计不能很好地处理变化的原因之一，而一个合理的依赖关系，应该是倒过来的，由细节的实现依赖于核心逻辑才对。而面向对象程序设计是由类的定义和类的使用两部分组成的，主程序中定义数个对象并规定它们之间消息传递的方式，程序中的一切操作都是通过面向对象的发送消息机制来实现的。对象接收到消息后，启动消息处理函数完成相应的操作。

1.2.2　面向对象三大要素

封装、继承、多态是面向对象程序的三大特征，这些特征保证了程序的安全性、可靠性、可重用性和易维护性。随着技术的发展，把这些思想用于硬件、数据库、人工智能技术、分布式计算、网络、操作系统等领域，越来越显示出其优越性。

1. 封装（Encapsulation）

封装就是把对象的状态和行为绑到一起的机制，使对象形成一个独立的整体，并且尽可能地隐藏对象的内部细节。封装有两个含义：一是把对象的全部状态和行为结合在一起，形成一个不可分割的整体。对象的私有属性只能够由对象的行为来修改和读取；二是尽可能隐蔽对象的内部细节，与外界的联系只能够通过外部接口来实现。

2. 继承（Inheritance）

继承是一种连接类与类之间的层次模型。继承是指特殊类的对象拥有其一般类的属性和行为。继承意味着"自动地拥有"，即在特殊类中不必重新对已经在一般类中定义过的属性和行为进行定义，而是自动、隐含地拥有其一般类的属性和行为。继承对类的重用性提供了一种明确表述共性的方法。即一个特殊类既有自己定义的属性和行为，又有继承下来的属性和行为。尽管继承下来的属性和行为在特殊类中是隐式的，但无论在概念上还是在实际效果上，都是这个类的属性和行为。继承是传递的，当这个特殊类被它更下层的特殊类继承的时候，它继承来的和自己定义的属性与行为又被下一层的特殊类继承下去。我们把一般类称为基类，把特殊类称为派生类。通过继承可以让代码更加简洁、易读，易于重用和扩展，易于维护和修改。

3. 多态（Polymorphism）

多态是指两个或多个属于不同类的对象对于同一个消息或方法调用所做出不同响应的能

力。面向对象设计也借鉴了客观世界的多态性，体现在不同的对象可以根据相同的消息产生各自不同的动作。具体到面向对象程序设计，多态性是指在两个或多个属于不同类的对象中，同一函数名对应多个具有相似功能的不同函数，可以使用相同的调用方式来调用这些具有不同功能的同名函数。

面向对象技术发展的重大成果之一就是出现了统一建模语言——UML。面向对象技术领域内占主导地位的标准建模语言，统一了过去相互独立的数十种面向对象的建模语言共同存在的局面，通过统一语义和符号表示，系统地对软件工程进行描述和构造，形成了一个统一的、公共的、具有广泛适用性的建模语言。

1.3 UML 概述

1.3.1 UML 发展历史

公认的面向对象建模语言出现于 20 世纪 70 年代中期。从 1989 年到 1994 年，其数量从不到十种增加到了五十多种。在众多的建模语言中，语言的创造者们都在努力推崇自己的产品，并在实践中不断完善。但是，OO 方法（Object-Oriented Method，面向对象的方法）的用户并不了解不同建模语言的优缺点及相互之间的差异，因而很难根据应用特点选择合适的建模语言，于是爆发了一场"方法大战"。20 世纪 90 年代，一批新方法出现了，其中最引人注目的是 Booch 1993、OOSE 和 OMT-2 等。

Grady Booch 是面向对象方法最早的倡导者之一，他提出了面向对象软件工程的概念。1991 年，他将以前面向 Ada 的工作扩展到整个面向对象设计领域。Booch 1993 比较适用于系统的设计和构造。

James Rumbaugh 等人提出了面向对象的建模技术（OMT，一种软件开发方法）方法，采用了面向对象的概念，并引入各种独立于语言的表示符。这种方法用对象模型、动态模型、功能模型和用例模型，共同完成对整个系统的建模，所定义的概念和符号可用于软件开发的分析、设计和实现的全过程，软件开发人员不必在开发过程的不同阶段进行概念和符号的转换。OMT-2 特别适用于分析和描述以数据为中心的信息系统。

Jacobson 于 1994 年提出了 OOSE 方法，其最大特点是面向用例（Use Case），并在用例的描述中引入了外部角色的概念。用例的概念是精确描述需求的重要武器，但用例贯穿于整个开发过程，包括对系统的测试和验证。OOSE 比较适合支持商业工程和需求分析。

此外，还有 Coad/Yourdon 方法，即著名的 OOA/OOD，它是最早的面向对象的分析和设计方法之一。该方法简单、易学，适合于面向对象技术的初学者使用，但由于该方法在处理能力方面的局限，至 2013 年已很少使用。

综上所述，首先，面对众多的建模语言，用户由于没有能力区别不同语言之间的差别，因此很难找到一种比较适合其应用特点的语言；其次，众多的建模语言实际上各有千秋；最后，虽然不同的建模语言大多雷同，但仍存在某些细微的差别，极大地妨碍了用户之间的交流。因此，在客观上，极有必要在精心比较不同的建模语言优缺点及总结面向对象技术应用实践的基础上，组织联合设计小组，根据应用需求，取其精华，去其糟粕，求同存异，统一建模语言。

1994 年 10 月，Grady Booch 和 Jim Rumbaugh 开始致力于这一工作。他们首先将 Booch 93 和 OMT-2 统一起来，并于 1995 年 10 月发布了第一个公开版本，称为统一方法 UM 0.8（United Method）。1995 年秋，OOSE 的创始人 Ivar Jacobson 加盟到这一工作。经过 Booch、Rumbaugh 和 Jacobson 三人的共同努力，于 1996 年 6 月和 10 月，分别发布了两个新的版本，即 UML 0.9 和 UML 0.91，并将 UM 重新命名为 UML（Unified Modeling Language）。

1996 年，一些机构将 UML 作为其商业策略已日趋明显。UML 的开发者得到了来自公众的正面反应，并倡议成立了 UML 成员协会，以完善、加强和促进 UML 的定义工作。当时的成员有 DEC、HP、I-Logix、Itellicorp、IBM、ICON Computing、MCI Systemhouse、Microsoft、Oracle、Rational Software、TI 及 Unisys。这一机构对 UML 1.0（1997 年 1 月）及 UML 1.1（1997 年 11 月 17 日）的定义和发布起了重要的促进作用。

2001 年，UML 1.4 这一版本被核准推出。2003 年，UML 2.0 标准版发布，它建立在 UML 1.x 基础之上，大多数 UML 1.x 模型在 UML 2.0 中都可用。但 UML 2.0 在结构建模方面有一系列重大的改进，包括结构类、精确的接口和端口、扩展性、交互片段和操作符，以及基于时间建模能力的增强。

UML 版本变更得比较慢，主要是因为建模语言的抽象级别更高，所以，相对而言，实现语言如 C#、Java 等版本变化更加频繁。2010 年 5 月发布了 UML 2.3。UML 2.4 所有的技术环节于 2012 年 1 月完成，2017 年 12 月发布了 UML 2.5。同时，UML 也被 ISO 吸纳为标准：ISO/IEC19501 和 ISO/IEC19595。

1.3.2　UML 的内容

UML 是一种定义良好、易于表达、功能强大且普遍适用的建模语言。它融入了软件工程领域的新思想、新方法和新技术。它的作用域不限于支持面向对象的分析与设计，还支持从需求分析开始的软件开发的全过程。

UML 包含了 3 个方面的内容：模型的概念和表示法、语言的公共机制、对象约束语言。

1. UML 模型的概念和表示法

UML 有三类基本的标准模型建筑块：事物、联系和图形。

UML 规定了 4 种事物表示法：结构事物、动作事物、分组事物和注释事物。

①结构事物指模型的静态部分，如对象类、Use Case、接口、组件等；

②动作事物指模型的动态部分，如交互、状态机等；

③分组事物指模型的组织部分，如包；

④注释事物指模型的解释说明部分，如注释。

UML 提供的模型建筑块之间的基本联系有 4 种：依赖、关联、泛化、实现。依赖是指模型建筑块之间的一种语义联系，其中一个独立事物发生改变将影响另一个依赖事物的语义。关联是指模型建筑块之间的结构联系，两者存在结构性的连接。聚合是一种特殊的关联，表示结构的整体与部分的关系。泛化是指模型建筑块之间的一般与特殊的联系。实现是指模型建筑块之间的一种语义联系，其中一个规定了一组约定，另一个负责实现它们。例如，接口和实现接口功能的类或组件之间的联系就是实现。

模型建筑块与联系相结合，可以构造出良好的系统模型。UML 图形是模型元素集合的可视化表示。UML 定义了 10 类图形，用于建立系统模型：用例图、类图、对象图、序列图、协作图、活动图、状态图、包图、构件图、配置图。通过绘制 UML 图形，可以从不同的抽象角度使系统可视化。UML 提供了对各个模型建筑块进行说明的语法和语义规定。在建立模型时，可以用 UML 的图形表示法使系统可视化，同时用 UML 的说明描述系统的细节。

2. UML 语言的公共机制

UML 规定了语言的四种公共机制：说明、装饰、通用划分、扩展机制。

1）说明

UML 不只是一个图形语言，还规定了对于每一个 UML 图形的文字说明的语法和语义。例如，一个类图标的背后必有一套说明，它提供关于属性、操作、行为等的描述。通常使用 UML 的图形表示法可视化一个系统，使用 UML 的说明叙述系统的细节。

2）装饰

大多数的 UML 元素有唯一的直接的图表示法，表达该元素的最重要的特征。除此之外，还可以对该元素加上各种装饰，说明其他方面的细节特征。例如，对于一个对象类，最基本的图形表示法是一个矩形，其中包含了类的名称、属性和操作。此外，可以加上一些装饰，如可视性标记。

3）通用划分

对 UML 的事物规定了两种类型的划分：一种是如类与对象的划分，类是对象的抽象，对象是类的实例；另一种是如接口与接口的实现的划分，接口声明了一个约定，实现负责执行接口的全部语义。对于大多数的 UML 元素，都可以做这样的划分。例如，对于 Use Case，有 Use Case 实例、实现 Use Case 的协同，以及实现 Use Case 的操作和方法。

4）扩展机制

UML 语言的扩展机制，允许 UML 的使用人员根据需要自定义一些构造型等语言成分，扩展 UML 和把 UML 用户化，更便于完成自己的软件系统的开发工作。UML 规定可以自定义 3 种语言成分：构造型、标记值和约束。UML 规定了许多标准的预定义的构造型、标记值和约束，但是允许自行扩充。

3. UML 的对象约束语言

UML 的对象约束语言（Object Constraint Language，OCL）是一种表达施加于模型元素的约束的语言。OCL 的表达式以条件和限制的形式，附加在模型元素上。

1.3.3 UML 的特点

1. 统一标准

UML 融合了当前一些流行的面向对象开发方法的主要概念和技术，成为一种面向对象的标准化的统一建模语言，结束了以往各种方法的建模语言的不一致和差别。它提供了标准的面向对象的模型元素的定义和表示法，以及对模型的表示法的规定，使对系统的建模有章可循，有标准的语言工具可用，有利于保质保量地建立起软件系统模型。

UML 已经成为工业标准化组织 OMG 的正式标准，OMG 将负责语言标准的进一步的开发。UML 在统一和标准化方面的努力，将有利于建模语言本身的发展，也有利于工业化应用。

2. 面向对象

UML 支持面向对象技术的主要概念。UML 提供了一批基本的模型元素的表示图形和方法，能简洁明了地表达面向对象的各种概念和模型元素。

3. 可视化、表示能力强大

UML 是一种图形化语言，系统的逻辑模型或实现模型都能用 UML 的模型图形清晰地表示。UML 不只是一堆图形符号，在每一个 UML 的图形表示符号背后，都有良好定义的语义。

UML 还可以处理与软件的说明及文档有关的问题，包括需求说明、体系结构、设计、源代码、项目计划、测试、原型、发布等。

UML 提供了语言的扩展机制，用户可以根据需求定义自己的构造型、标记值和约束等。

UML 的强大表示能力使它可以用于各种复杂类型的软件系统的建模。

4. 独立于过程

UML 是系统建模语言，独立于开发过程。虽然 UML 与 Rational 统一过程配合使用，将发挥强大的效用，但是 UML 也可以在其他面向对象的开发过程中使用，甚至在常规的软件生命周期法中使用。

5. 容易掌握使用

UML 的概念明确，建模表示法简洁明了，图形结构清晰，容易掌握使用。学习 UML 应着重学习它的三方面的主要内容：UML 的基本模型元素，把这些模型元素组织在一起的规则，UML 语言中的公共机制。只要具备一定的软件工程和面向对象技术的基础知识，通过运用 UML 建立实际问题的系统模型的实践，很快就能掌握和熟悉 UML。

1.3.4 UML 的用途

使用 UML 进行软件系统的分析与设计，能够加速软件开发的进程，提高代码的质量，支持变动的业务需求。UML 适用于各种大小规模的软件系统项目，能促进软件复用，方便地集成已有的系统软件资源。使用 UML 将有助于处理软件开发中的各种风险。UML 的这些特点和优点使它获得了计算机业界和越来越多的软件人员的青睐。

UML 不是一个独立的软件工程方法，而是面向对象软件工程方法中的一个部分。UML 只是一种标准的系统分析和设计的语言，用于系统的建模。UML 适用于对各类软件系统的建模，从应用系统到计算机系统的支持软件，从一般的企业的信息管理系统到基于 Web 的分布式应用系统，甚至实时系统。

UML 不是程序设计语言，不能用来直接书写程序，实现系统。UML 所建立的系统模型（逻辑模型和实现模型），必须转换为某个程序设计语言的源代码程序，然后经过该语言的编译系统生成可执行的软件系统。但是，用 UML 建立系统模型可以很好地支持软件开发的前向工程（Forward engineering）和逆向工程（Reverse engineering）。

1.4 模型元素

1.4.1 事物

UML 语言中事物可以分为结构事物、动作事物、分组事物和注释事物。

1. 结构事物

结构事物分为：类、接口、协作、用例、活动类、组件和节点。

（1）类。类是对具有相同属性、方法、关系和语义的对象的抽象，一个类可以实现一个或多个接口。类用包括类名、属性和方法的矩形表示。

（2）接口。接口是为类或组件提供特定服务的一组操作的集合。

（3）协作。协作定义了交互操作。一些角色和其他元素一起工作，提供一些合作的动作，这些动作比元素的总和要大。UML 中协作用由虚线构成的椭圆表示。

（4）用例。用例描述系统对一个特定角色执行的一系列动作。在模型中用例通常用来组织动作事物，它是通过协作来实现的。UML 中，用例用标注了用例名称的实线椭圆表示。

（5）活动类。活动类是类对象有一个或多个进程或线程的类。在 UML 中，活动类的表示法和类相同，只是边框用粗线条。

（6）组件。组件是实现了一个接口集合的物理上可替换的系统部分。

（7）节点。节点是在运行时存在的一个物理元素，它代表一个可计算的资源，通常占用一些内存和具有处理能力。一个组件集合一般来说位于一个节点，但也可以从一个节点转到另一个节点。

2. 动作事物

UML 语言中，动作事物是 UML 模型中的动态部分，它们是模型的动词，代表时间和空间上的动作。交互和状态机是 UML 模型中最基本的两个动态事物元素。

（1）交互。交互是一组对象在特定上下文中，为达到某种特定的目的而进行的一系列消息交换组成的动作。在交互中，组成动作的对象的每个操作都要详细列出，包括消息、动作次数（消息产生的动作）、连接（对象之间的连接）。

（2）状态机。状态机由一系列对象的状态组成。

3. 分组事物

分组事物是 UML 模型中组织的部分，分组事物只有一种，称为包。

4. 注释事物

注释事物是 UML 模型的解释部分。

1.4.2 关系

关系是指支配、协调各种模型元素存在并相互使用的规则。UML 中主要包含四种关系，分别是关联、依赖、泛化和实现。

1. 关联关系

关联关系连接元素和链接实例，它用连接两个模型元素的实线表示。在关联的两端可以标注关联双方的角色和多重性标记，如图 1.1 所示。

2. 依赖关系

依赖关系描述一个元素对另一个元素的依附。依赖关系用源模型指向目标模型的带箭头的虚线表示，如图 1.2 所示。

3. 泛化关系

泛化关系也称为继承关系，用一条带空心三角箭头的实线表示，从子类指向父类，如图

1.3 所示。

图 1.1　关联关系示意图　　　　图 1.2　依赖关系示意图

4. 实现关系

实现关系描述一个元素实现另一个元素，如图 1.4 所示。

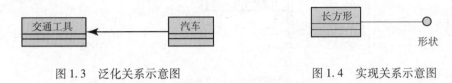

图 1.3　泛化关系示意图　　　　图 1.4　实现关系示意图

1.5　UML 图

图聚集了相关的事物及其关系的组合，是软件系统在不同角度的投影。图由代表事物的顶点和代表关系的连通图表示。下面对常用的几类图进行简单介绍。

（1）用例图（Use Case Diagram）。展现了一组用例、参与者（actor）及它们之间的关系。用例图从用户角度描述系统的静态使用情况，用于建立需求模型，如图 1.5 所示。

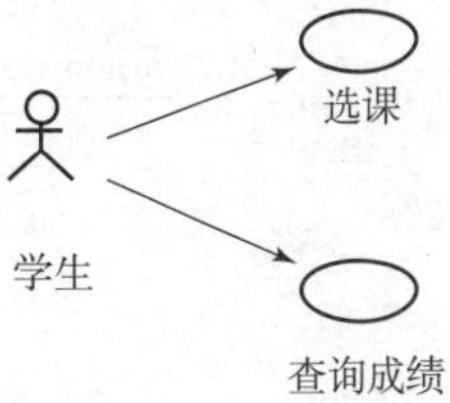

（2）类图（Class Diagram）。展现了一组对象、接口、协作和它们之间的关系。类图描述的是一种静态关系，在系统的整个生命周期都是有效的，是面向对象系统的建模中最常见的图，如图 1.6 所示。

图 1.5　用例图示意图

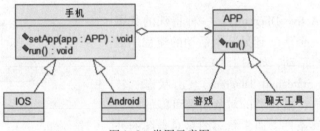

图 1.6　类图示意图

（3）对象图（Object Diagram）。展现了一组对象及它们之间的关系。对象图是类图的实例，几乎使用与类图完全相同的标示，如图 1.7 所示。

图 1.7　对象图示意图

（4）序列图（Sequence Diagram）。描述了以时间顺序组织的对象之间的交互活动，如图 1.8 所示。

（5）协作图（Collaboration Diagram）。强调收发消息的对象的结构组织，如图 1.9 所示。

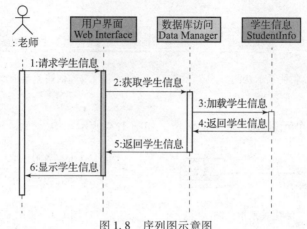

图 1.8　序列图示意图

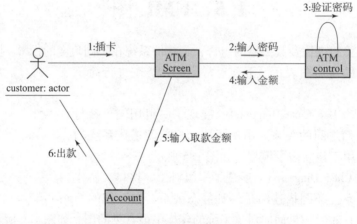

图 1.9　协作图示意图

（6）活动图（Active Diagram）。一种特殊的状态图，展现了系统内一个活动到另一个活动的流程。活动图有利于识别并行活动，如图 1.10 所示。

（7）状态图（Statechart Diagram）。由状态、转换、事件和活动组成，描述类的对象所有可能的状态及事件发生时的转移条件。通常状态图是对类图的补充，仅需为那些有多个状态的、行为随外界环境而改变的类画状态图，如图 1.11 所示。

（8）包图（Package）。对模型元素进行组织管理，如图 1.12 所示。

（9）构件图（Component Diagram）。展现了一组组件的物理结构和组件之间的依赖关系。部件图有助于分析和理解组件之间的相互影响程度，如图 1.13 所示。

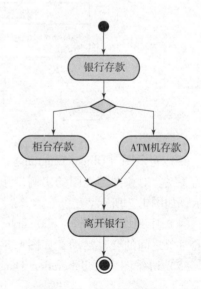

图 1.10　活动图示意图

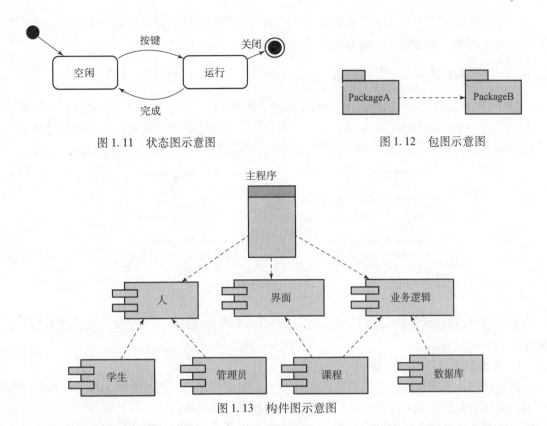

图 1.11　状态图示意图　　　　　图 1.12　包图示意图

图 1.13　构件图示意图

（10）部署图（Deployment Diagram）。展现了运行处理节点及其中的组件的配置。部署图给出了系统的体系结构和静态实施视图。它与构件图相关，通常一个节点包含一个或多个构建，如图 1.14 所示。

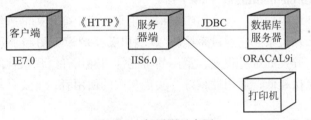

图 1.14　部署图示意图

需要指出的是，UML 并不限定仅使用这 10 种图，开发工具可以采用 UML 来提供其他种类的图，但到目前为止，这 10 种图在实际应用中最常用。

1.6　视　图

理想情况下，系统由单一的图形来描述，该图形明确地定义了整个系统，并且易于人们相互交流和理解。然而，单一的图形不可能包含系统所需的所有信息，更不可能描述系统的整体结构功能。一般来说，系统是从多个不同的方面来描述的。

一个系统视图是对于从某一视角或某一点看到的系统所做的简化描述。描述涵盖了系统的某一特定方面,而省略了与此方面无关的实体。

1.6.1 "RUP 4+1"视图

"4+1"视图最早由 Philippe Kruchten 提出,他在 1995 年的《IEEE Software》上发表了题为《The 4+1 View Model of Architecture》的论文,引起了业界的极大关注,并最终被 RUP 采纳,发展成"RUP 4+1"视图,现在已经成为架构设计的结构标准,如图 1.15 所示。

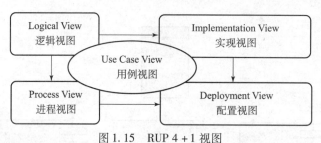

图 1.15 RUP 4+1 视图

从图中可以看出,所谓的 RUP 4+1,其实由 5 个视图组成,其中"4"表示以下的 4 个视图。

1. 逻辑视图(Logical View)

逻辑视图用来揭示系统功能的内部设计和协作情况。逻辑视图从系统的静态结构和动态行为角度显示如何实现系统的功能。静态结构描述类、对象及其关系等,动态行为主要描述对象之间发送消息时产生的动态协作、一致性和并发性等。逻辑视图的使用者主要是设计人员和开发人员。

逻辑视图体现了系统的功能需求。

2. 实现视图(Implementation View)

描述了在开发环境中软件的静态组织结构,用来显示组建代码的组织方式,描述了实现模块和它们之间的依赖关系。它通过系统输入/输出关系的模型图和子系统图来描述。要考虑软件的内部需求:开发的难易程度,重用的可能性、通用性、局限性等。开发视图的风格通常是层次结构,层次越低,通用性越好。实现视图的使用者,主要是软件编程人员,方便后续的设计与实现。

实现视图体现了系统的可扩展性、可移植性、可重用性、易用性及易测试性。

3. 进程视图(Process View)

进程视图显示系统的并发性,解决在并发系统里存在的通信和同步问题。进程视图关注进程、线程、对象等运行时概念,以及相关的并发、同步、通信等问题。进程视图和实现视图的关系:实现视图一般偏重程序包在编译时期的静态依赖关系,而这些程序运行起来之后会表现为对象、线程、进程,进程视图比较关注的正是这些运行时单元的交互问题。进程视图的使用者主要是系统集成人员。

进程视图体现了系统的稳定性、鲁棒性、安全性及伸缩性。

4. 配置视图(Deployment View)

描述了软件到硬件的映射,反映了分布式特性。配置视图关注"目标程序及其依赖的运行库和系统软件"最终如何安装或部署到物理机器中,以及如何部署机器和网络来配合软件系统的可靠性、可伸缩性等要求。配置视图和进程视图的关系:进程视图特别关注目标程序的动态执行情况,而配置视图重视目标程序的静态位置问题;配置视图是综合考虑软件系统和整个IT系统相互影响的架构视图。配置视图的使用者主要是系统工程人员,解决系统的拓扑结构、系统安装、通信等问题。

配置视图体现了系统的安装部署要求。

5. 用例视图(Use Case View)

用例视图强调从系统的外部参与者(主要是用户)角度看到的或需要的系统功能。

用例视图描述系统应该具备的功能,也就是被称为参与者的外部用户所能观察到的功能。用例是系统中的一个功能单元,可以被描述为参与者与系统之间的一次交互作用。参与者可以是一个用户或者是另一个系统。客户对系统要求的功能被当作多个用例在用例视图中进行描述,一个用例就是对系统的一个用法的通用描述。用例模型的用途是列出系统中的用例和参与者,并显示哪个参与者参与了哪个用例的执行。

用例视图是其他视图的核心,它的内容直接驱动其他视图的开发。系统要提供的功能都是在用例视图中描述的,用例视图的修改会对所有其他的视图产生影响。此外,通过测试用例视图,还可以检验和最终校验系统。

1.6.2 UML视图

UML视图延续了"RUP 4+1"视图的思路,只是在某些视图名称上做了些许改变,其包含以下视图:

(1)逻辑视图(Logcal View):含义同"RUP 4+1"视图的逻辑视图。通常逻辑视图由多种图表示,如类图、对象图及包图等。

(2)组件视图(Component View):含义同"RUP 4+1"视图的实现视图。组件视图通常由构件图表示。

(3)并发视图(Concurrency View):含义同"RUP 4+1"视图的进程视图。并发视图主要由状态图、活动图、序列图及协作图等表示。

(4)配置视图(Deployment View):含义同"RUP 4+1"视图的配置视图。配置视图主要由配置图表示。

(5)用例视图(Use Case View):含义同"RUP 4+1"视图的用例视图。用例视图主要由用例图表示。

视图与图的关系见表1.1。

表1.1 视图和图的关系

视图	图
逻辑视图	类图、对象图、包图
组件视图	构件图
并发视图	状态图、活动图、序列图、协作图
配置视图	配置图
用例视图	用例图

1.7 UML 的通用机制

UML 中的几种通用机制使得 UML 变得简单和更易于使用。使用通用机制可以为模型元素提供额外的注释、信息或语义，还可以对 UML 进行扩展，更为方便的是，可以在 UML 中的任何时候用同样的方法来使用这些机制。

1.7.1 修饰

在使用 UML 建模时，可以将图形修饰附加到 UML 图中的模型元素上。这种修饰（Adornment）为图中的模型元素增加了语义。比如说，在用例图中，使用特殊的小人来表示 Business Actor，如图 1.16 所示；当同一元素表示该类型的实例时，该元素的名称用一条下划线修饰，如图 1.17 所示。在 UML 图中，通常将修饰写在相关元素的旁边，所有对这种修饰的描述与它们所影响的元素的描述放在一起，如图 1.18 所示。

图 1.16 参与者修饰示意图

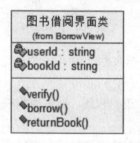

图 1.17 类和类的实例示意图

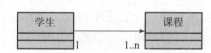

图 1.18 有数目关系的修饰示意图

1.7.2 注释

一种建模语言无论表现力有多强，也不能表示所有的信息。为了能够为一个模型添加不能用建模语言表示的信息，UML 为用户提供注释（Note）功能。注释是以自由的文本形式出现的，它的信息类型是不被 UML 解释的字符串。注释可以附加到任何模型中去，可以放置在模型的任意位置上，并且可以包含任意类型的信息。一般来说，在 UML 图中用一条虚线将注释连接到它为之解释的或细化的元素上。

使用注释的目的是让模型更清晰，下面是注释使用的一些技巧。

（1）将注释放在要注释的元素旁边，用依赖关系的线将注释和被注释的元素连起来，如图 1.19 所示。

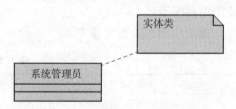

图 1.19 对系统管理员类的注释说明示意图

（2）可以隐藏元素或使隐藏的元素可见，这样会使模型图简洁，如图 1.20 所示。

图 1.20　显示和隐藏参数的示意图

（3）如果注释很长或不仅仅是普通文本，可以将注释放到一个独立的外部文件中（如 Word 文档），然后链接或嵌入模型中。

1.7.3　规格说明

模型元素具有许多用于维护该元素的数据值特性，特性用名称和被称为标记值的值定义。标记值是一种特定的类型，例如一个整型或一个字符串。如果把模型元素当成一个对象来看待，那么模型元素本身也应该具有很多的属性，这些属性用于维护属于该模型元素的数据值。设定模型元素的相关规格说明，只需在某模型元素上双击，即可弹出规格说明对话框。例如，在 UML 类图上双击，弹出如图 1.21 所示的类图规格说明，其中可以设定 Export Control 属性，该属性指出类的对外访问的可见性；可以设定 Documentation 的内容，对类进行文档说明。

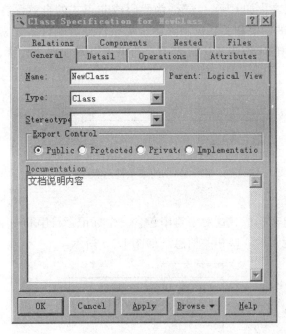

图 1.21　类的规格说明

1.7.4　通用划分

UML 对其模型元素规定了两种类型的通用划分（General Division）：型－实例（值）和

接口-实现。

1. 型-实例（值）

型-实例（Type-Instance）描述一个通用描述符与单个元素项之间的对应关系。通用描述符称为型元素，它是元素的类，含有类的名字和对其内容的描述；单个元素是实例元素，它是元素的类的实例。一个型元素可以对应多个实例元素。

2. 接口-实现

接口声明了一个规定服务的约定，接口的实现负责执行接口的全部语义并实现该项服务。

1.7.5　扩展机制

UML 提供了几种扩展机制（extensibility），允许建模者在不改变基本建模语言的情况下做一些通用的扩展。这些扩展机制已经被设计好，以便于在不需理解全部语义的情况下就可以存储和使用。由于这个原因，扩展可以作为字符串存储和使用。对不支持扩展机制的工具来说，扩展只是一个字符串，它可以作为模型的一部分被导入、存储，还可以被传递到其他工具。扩展机制包括约束、标记值和构造型。

1. 约束

约束是用文字表达式表示的语义限制。每个表达式有一种隐含的解释语言，这种语言可以是正式的数学符号，如 set-theoretic 表示符号；或是一种基于计算机的约束语言，如 OCL；或是一种编程语言，如 C++；或是伪代码或非正式的自然语言。约束可以表示不能用 UML 表示法来表示的约束和关系。当陈述全局条件或影响许多元素的条件时，约束特别有用。约束用大括弧内的字符串表达式表示。约束可以附加在表元素、依赖关系或注释上。如图 1.22 所示。

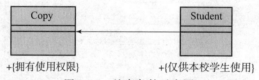

图 1.22　约束条件示意图

2. 标记值

标记值由一对字符串构成，这对字符串包含一个标记字符串和一个值字符串，用来存储有关模型元素或表达元素的一些相关信息。如图 1.23 所示。

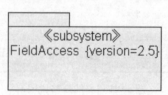

图 1.23　版本标记值示意图

3. 构造型

在对系统建模的时候，会出现现有的 UML 构造块在一些情况下不能完整、无歧义地表示出系统中每一元素的含义的情况。构造型扩展机制的目的就是基于一个已存在的模型元素，重新定义一个新的模型元素。它能够有效地防止 UML 变得过度复杂，同时还允许用户实行必要的扩展和调整。构造型的一般表现形式为将构造型的名称包含在"≪"和"≫"里面，例如≪use≫、≪extends≫等。如图 1.24 所示。

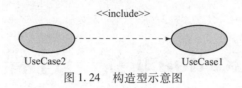

图 1.24　构造型示意图

1.8　单元习题

1. 填空题

（1）经典的软件工程思想将软件开发分成 5 个阶段：_____阶段、_____阶段、_____阶段、_____阶段和_____阶段。

（2）UML 语言中事物可以分为_____、_____、_____和_____。

（3）UML 中主要包含四种关系，分别是_____、_____、_____和_____。

（4）UML 定义了 10 类图形，用于建立系统模型，分别是_____。

2. 简答题

（1）简述 UML 的内容和特点。

（2）简述 UML 的视图与图的对应关系。

（3）简述 UML 的通用和扩展机制。

第 2 章

Rational 统一过程

2.1 概　述

Rational 统一过程（Rational Unified Process，RUP）是软件工程的过程。它提供了在开发组织中分派任务和责任的规则化方法。它的目标是在有限的时间和预算前提下，确保产出满足最终用户需求的高质量产品。

Rational 统一过程是 Rational 公司开发和维护的过程产品。Rational 统一过程的开发团队同顾客、合作伙伴、Rational 产品小组及顾问公司共同协作，确保开发过程持续地更新，并不断演化实践经验。

Rational 统一过程提高了团队生产力。对于所有的关键开发活动，它为每个团队成员提供了使用准则、模板、工具指导的知识基础。而通过对相同知识基础的理解，无论是进行需求分析、设计、测试项目管理或配置管理，均能确保全体成员共享相同的知识、过程和开发软件的视图。

Rational 统一过程强调开发和维护模型——语义丰富的软件系统表达，而非强调大量的文本工作。

Rational 统一过程是有效使用 Unified Modeling Language（UML）的指南。UML 是良好沟通需求、体系结构和设计的工业标准语言。UML 由 Rational 软件公司创建，现在由标准化对象管理机构（OMG）维护。

Rational 统一过程能对大部分开发过程提供自动化的工具支持。它们被用来创建和维护软件开发过程（可视化建模、编程、测试等）的各种各样的产物——特别是模型。另外，在每个迭代过程的变更管理和配置管理相关的文档工作的支持方面也是非常有价值的。

Rational 统一过程是可配置的过程。没有一个开发过程能适合所有的软件开发。Rational 统一过程既适用于小的开发团队，也适合大型开发组织。Rational 统一过程建立简洁和清晰的过程结构，为开发过程家族提供通用性。并且，它可以变更，以容纳不同的情况。它还包含了开发工具包，为配置适应特定组织机构的开发过程提供了支持。

Rational 统一过程以适合大范围项目和机构的方式，获取了许多现代软件开发过程的最佳实践。部署这些最佳实践经验，使用 Rational 统一过程作为指南，让开发团队具备很多关键的优势。

2.2　6个最佳实践的有效部署

Rational统一过程描述了经过商业化验证的，为软件开发团队有效部署的软件开发方法。它们被称为"最佳实践"不仅仅因为可以精确地量化它们的价值，而且它们被许多成功的机构普遍运用。为使整个团队有效利用最佳实践，Rational统一过程为每个团队成员提供了必要准则、模板和工具指导。

1. 迭代的开发产品

面对当今的复杂的软件系统，使用连续的开发方法，如首先定义整个问题，设计完整的解决方案，编制软件并最终测试产品是不可能的。需要一种能够通过一系列细化、若干个渐进的反复过程而生成有效解决方案的迭代方法。Rational统一过程支持专注于处理生命周期中每个阶段中最高风险的迭代开发方法，极大地减小了项目的风险性。迭代方法通过可验证的方法来帮助减小风险——经常性的、可执行版本使最终用户不断地介入和反馈。因为每个迭代过程以可执行版本告终，开发团队停留在产生结果上，频繁地进行状态检查以确保项目能按时进行。迭代化方法同样使需求、特色、日程上战略性的变化更为容易。

2. 需求管理

Rational统一过程描述了如何提取、组织和文档化需要的功能和限制；跟踪和文档化折中方案和决策；捕获和进行商业需求交流。过程中用例和场景的使用是捕获功能性需求的卓越方法，并确保由它们来驱动设计、实现和软件的测试，使最终系统更能满足最终用户的需要。它们给开发和发布系统提供了连续的和可跟踪的线索。

3. 基于构件的体系结构

该过程在全力以赴开发之前，关注早期的开发和构建健壮的可执行体系结构。它描述了如何设计灵活的，可容纳修改的，直观便于理解的，并且促进有效软件重用的弹性结构。Rational统一过程支持基于构件的软件开发。构件是实现清晰功能的模块、子系统。Rational统一过程提供了使用新的及现有构件定义体系结构的系统化方法。它们被组装为良好定义的结构，或是特殊的、底层结构如Internet、CORBA和COM等的工业级重用构件。

4. 可视化软件建模

开发过程显示了对软件如何可视化建模，捕获体系结构和构件的构架和行为。这允许开发者隐藏细节和使用"图形构件块"来书写代码。可视化建模帮助开发者沟通软件的不同方面，观察各元素如何配合在一起，确保构件模块与代码一致，保持设计和实现的一致性，促进明确的沟通。Rational软件公司创建的工业级标准UML是成功可视化软件建模的基础。

5. 验证软件质量

质量应该基于可靠性、功能性、应用和系统性能根据需求来进行验证。Rational统一过程帮助计划、设计、实现、执行和评估这些测试类型。质量评估被内建于过程、所有的活动，包括全体成员，使用客观的度量和标准，并且不是事后型或单独小组进行的分离活动。

6. 控制软件的变更

管理变更的能力，在变更不可避免的环境中是必需的。Rational统一过程确保每个修改是可接受的，能被跟踪的。开发过程描述了如何控制、跟踪和监控修改，以确保成功的迭代开发。它同时指导如何通过隔离修改和控制整个软件产物（例如，模型、代码、文档等）的修改来为每个开发者建立安全的工作区。另外，它通过描述如何进行自动化集成和建立管理使小队如同单个单元来工作。

2.3　过程简介

Rational 统一开发过程可以用二维结构来表达：

横轴代表了开发过程的时间，体现了过程的动态结构。它以周期（cycle）、阶段（phase）、迭代（iteration）和里程碑（milestone）来表达。

纵轴代表了过程的静态结构，用活动（activity）、产物（artifact）、角色（worker）和工作流（workflow）来描述。

Rational 统一开发过程的二维结构如图 2.1 所示。

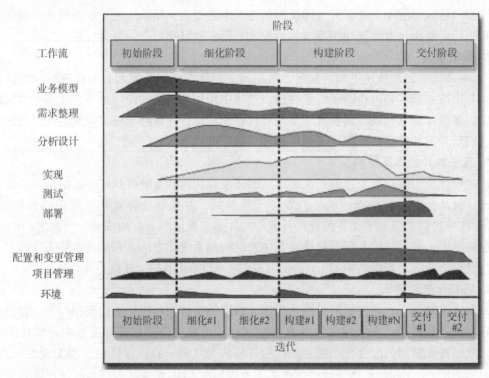

图 2.1　Rational 统一开发过程的二维结构

2.3.1　阶段和迭代——时间轴

这是开发过程基于时间的动态组织结构。

软件生命周期被分解为若干周期，每一个周期工作在新一代产品上。Rational 统一过程将周期又划分为初始阶段、细化阶段、构建阶段、交付阶段四个连续的阶段，每个阶段终结于预定的里程碑，即达成关键的目标。

1. 初始阶段

初始阶段的目标是为系统建立商业案例和确定项目的边界。

为了达到该目的，必须识别所有与系统交互的外部实体，在较高层次上定义交互的特性。它包括识别所有用例和描述一些重要的用例。商业案例包括验收规范、风险评估、所需资源估计、体现主要里程碑日期的阶段计划。

本阶段具有非常重要的意义，在这个阶段中，关注的是整个项目的业务和需求方面的主要风险。对于建立在原有系统基础上的开发项目来说，初始阶段的时间可能很短。

（1）本阶段的主要目标如下：

①明确软件系统的范围和边界条件，包括从功能角度的前景分析、产品验收标准和哪些做与哪些不做的相关决定。

②明确区分系统的关键用例（Use Case）和主要的功能场景。

③展现或者演示至少一种符合主要场景要求的候选软件体系结构。

④对整个项目做最初的项目成本和日程估计（更详细的估计将在随后的细化阶段中做出）。

⑤估计出潜在的风险（主要指各种不确定因素造成的潜在风险）。

⑥准备好项目的支持环境。

（2）初始阶段的产出是：

①核心项目需求、关键特色、主要约束的总体蓝图。

②原始用例模型（完成10%～20%）。

③原始项目术语表（可能部分表达为业务模型）。

④原始商业案例，包括业务的上下文、验收规范（年度映射、市场认可等）、成本预计。

⑤原始的风险评估。

⑥一个或多个原型。

（3）初始阶段结束是第一个重要的里程碑：生命周期的"目标"里程碑。初始阶段的评审标准：

①风险承担者就范围定义、成本、日程估计达成共识。

②以客观的主要用例证实对需求的理解。

③成本/日程、优先级、风险和开发过程的可信度。

④被开发体系结构原型的深度和广度。

⑤实际开支与计划开支的比较。

⑥如果无法通过这些里程碑，则项目可能被取消或仔细地重新考虑。

2. 细化阶段

细化阶段的目标是分析问题领域，建立健全的体系结构基础，编制项目计划，淘汰项目中最高风险的元素。

细化阶段是四个阶段中的关键阶段。该阶段结束时，硬"工程"可以认为已结束，项目则经历最后的决策——是否将项目提交给构建和交付阶段。对于大多数项目，这也相当于从移动的、轻松的、灵巧的、低风险的运作过渡到高成本、高风险并带有较大惯性的运作过程。而过程必须能适应变化，细化阶段活动确保了结构、需求和计划是足够稳定的，风险已尽可能降低，基于此可以做出合理的成本和日程安排。

细化阶段，在一个或多个迭代过程中建立可执行的结构原型，依赖于项目的范围、规模、风险和先进程度。细化阶段的工作必须至少处理初始阶段中识别的关键用例，关键用例揭示了项目主要技术的风险。通常我们的目标是构建满足产品质量标准的可进化的原型。我们可以开发一个或多个探索性、可抛弃的原型来减少诸如设计/需求折中，构件可行性研究，或者给投资者、顾客（最终用户）演示版本等带来的特定的风险。

（1）本阶段的主要目标如下：

①确保软件结构、需求、计划足够稳定；确保项目风险已经降低到能够完成整个项目的成本和日程的程度。

②已经解决了项目的软件结构上的主要风险。

③通过完成软件结构上的主要场景建立软件体系结构的基线。

④建立一个包含高质量组件的可演化的产品原型。

⑤说明基线化的软件体系结构可以保障系统需求能够控制在合理的成本和时间范围内。

⑥建立好产品的支持环境。

（2）初始阶段的产出是：

①用例模型（完成至少80%）——所有用例均被识别，大多数用例描述被开发。

②补充捕获非功能性要求和非关联于特定用例要求的需求。

③软件体系结构描述——可执行的软件原型。

④经修订过的风险清单和商业案例。

⑤总体项目的开发计划，包括粗略的项目计划、拟定迭代过程和对应的审核标准。

⑥指明被使用过程的更新过的开发用例。

⑦用户手册的初始版本（可选）。

（3）细化阶段结束是第二个重要的里程碑：生命周期的"结构"里程碑。此刻，检验详细的系统目标和范围、结构的选择及主要风险的解决方案。主要的审核标准包括回答以下的问题：

①产品的蓝图是否稳定？

②体系结构是否稳定？

③可执行的演示版是否表明风险要素已被处理和可靠地解决？

④构建阶段的计划是否足够详细和精确？是否符合基本的审核？

⑤如果按当前计划在现有的体系结构环境中开发出完整系统，是否所有的风险承担人都认为该蓝图是可实现的？

⑥实际的费用开支与计划开支是否可以接受？

如果无法通过这些里程碑，则项目可能被取消或仔细地重新考虑。

3. 构建阶段

在构建阶段，所有剩余的构件和应用程序功能被开发并集成为产品，所有的功能被详尽地测试。

构建阶段，从某种意义上说，是重点在管理资源和控制运作，以优化成本、日程、质量的生产过程。就这一点而言，管理的理念经历了初始阶段和细化阶段的智力资产开发到构建阶段和交付阶段可发布产品的过渡。

许多项目规模大到足够产生许多平行的增量构建过程，这些平行的活动可以极大地加速版本发布的有效性；同时，也增加了资源管理和工作流同步的复杂性。健壮的体系结构和易于理解的计划是高度关联的。这也是在细化阶段，强调平衡的体系结构和计划的原因。

（1）本阶段的主要目标如下：
①通过优化资源和避免不必要的返工达到开发成本的最小化。
②根据实际需要达到适当的质量目标。
③根据实际需要形成各个版本（Alpha、Beta 等）。
④对所有必需的功能完成分析、设计、开发和测试工作。
⑤采用循环渐进的方式开发出一个可以提交给最终用户的完整产品。
⑥确定软件站点用户都为产品的最终部署做好了相关准备。
⑦达成一定程度上的并行开发机制。

（2）构建阶段的产出是可以交付给最终用户的产品。它最小包括：
①特定平台上的集成产品。
②用户手册。
③当前版本的描述。

（3）创建阶段结束是第三个重要的项目里程碑：初始功能里程碑。此刻，决定软件、环境、用户是否可以运作，并且不会将项目暴露在高度风险下。该版本也常被称为"Beta"版。

构建阶段主要的审核标准包括回答以下的问题：
①产品是否足够稳定和成熟，并可以发布给用户？
②是否所有的风险承担人准备好向用户移交？
③实际费用与计划费用的比较是否仍可被接受？
如果无法通过这些里程碑，则不得不延迟移交。

4. 交付阶段

交付阶段的目的是将软件产品交付给用户群体。

只要产品发布给最终用户，问题常常就会出现：要求开发新版本，纠正问题或完成被延迟的问题。

当基线成熟得足够发布到最终用户时，就进入了交付阶段。其典型要求：一些可用的系统子集被开发到可接收的质量级别及用户文档可供使用，从而交付给用户的所有部分均可以有正面的效果。这包括：
①对照用户期望值，验证新系统的"beta 测试"。
②与被替代的已有系统并轨。
③功能性数据库的转换。
④向市场、部署、销售团队移交产品。

构建阶段关注于向用户提交产品的活动。该阶段包括若干重复过程，包括 beta 版本、通用版本、bug 修补版和增强版。相当大的工作量消耗在开发面向用户的文档，培训用户。

在初始产品使用时，支持用户并处理用户的反馈。开发生命周期的这个阶段，用户反馈主要聚集在产品性能调整、配置、安装和使用问题。

本阶段的目标是确保软件产品可以提交给最终用户。本阶段的具体目标如下：
① 进行 beta 测试，以期达到最终用户的需要。
② 进行 beta 测试和旧系统的并轨。
③ 转换功能数据库。
④ 对最终用户和产品支持人员的培训。
⑤ 提交给市场和产品销售部门。
⑥ 具体部署相关的工程活动。
⑦ 协调 bug 修订/改进性能和可用性（Usability）等工作。
⑧ 基于完整的 Vision 和产品验收标准对最终部署做出评估。
⑨ 达到用户要求的满意度。
⑩ 所有风险承担人对产品部署基线已经达成共识。
⑪ 所有风险承担人对产品部署符合 Vision 中的标准达成共识。

交付阶段的终点是第四个重要的项目里程碑：产品发布里程碑。此时，确认是否目标已达到或开始下一个周期的作业。在许多情况下，里程碑会与下一个周期的初始阶段相重叠。

发布阶段的审核标准主要包括以下两个问题：
① 用户是否满意？
② 实际费用与计划费用的比较是否仍可被接受？

5. 迭代过程

Rational 统一过程的每个阶段可以进一步被分解为迭代过程。迭代过程是可执行产品版本（内部和外部）的完整开发循环，是最终产品的一个子集，从一个迭代过程到另一个迭代过程递增式增长形成最终的系统。

与传统的瀑布式方法相比，迭代过程具有以下的优点：
① 减小了风险。
② 更容易对变更进行控制。
③ 高度的重用性。
④ 项目小组可以在开发中学习。
⑤ 较好的总体质量。

2.3.2　开发过程中的静态结构（Static Structure of the Process）

开发流程定义了"谁""何时""如何"做"某事"。四种主要的建模元素被用来表达 Rational 统一过程：
① 角色（Workers），"谁"。
② 活动（Activities），"如何"。
③ 产物（Artifacts），"某事"。
④ 工作流（Workflows），"何时"。

1. 角色

角色定义了个人或由若干人所组成小组的行为和责任。可以认为角色是项目组中个人戴的"帽子"。单个人可以佩戴多个不同的帽子。这是一个非常重要的区别。因为通常容易将角色认为是个人或小组本身,在 Unified Process 中,角色还定义了如何完成工作。所分派给角色的责任既包括一系列的活动,也包括成为产物的拥有者。

2. 活动

某个角色的活动可能是要求该角色中的个体执行的工作单元。活动具有明确的目的,通常表现为一些产物,如模型、类、计划等。每个活动分派给特定的角色。活动通常占用几个小时至几天,常常涉及一个角色,影响到一个或少量的产物。活动应可以用来作为计划和进展的组成元素;如果活动太小,它将被忽略,而如果太大,则进展不得不表现为活动的组成部分。

活动的例子:
① 计划一个迭代过程,对应角色:项目经理。
② 寻找 use cases 和 actors,对应角色:系统分析员。
③ 审核设计,对应角色:设计审核人员。
④ 执行性能测试,对应角色:性能测试人员。

3. 产物

产物是活动产生的,修改或为过程所使用的一段信息。产物是项目的实际产品、项目产生的事物,或者在向最终产品迈进时使用。产物用作角色执行某个活动的输入,同时也是该活动的输出。在面向对象的设计术语中,如活动是活动对象(角色)上的操作一样,产物是这些活动的参数。

产物可以具有不同的形式:
① 模型,如 Use Case 模型或设计模型。
② 模型组成元素,即模型中的元素,比如类、用例(use case)或子系统等元素。
③ 文档,如商业案例或软件结构文档。
④ 源代码。
⑤ 可执行文件。

4. 工作流

仅依靠角色、活动和产物的列举并不能组成一个过程。需要一种方法来描述能产生若干有价值的,有意义结果的活动序列,显示角色之间的交互作用。

工作流是产生具有可观察结果的活动序列。

UML 术语中,工作流可以表达为序列图、协作图或活动图。在本章中,使用活动图的形式来描述。

2.4 Rational Rose 2007 的安装

双击 setup 安装程序,进入安装向导界面,如图 2.2 所示。

单击"Install IBM Rational Rose Enterprise Edition"按钮,进入升级界面。该界面中软件提示需要进行系统升级,单击"是"按钮,系统在进行了短暂的升级后进入图 2.3 所示的界面。

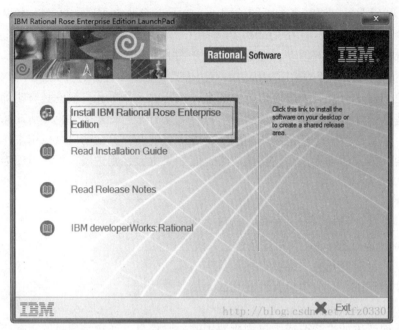

图 2.2　安装向导界面

如图 2.3 所示，该界面是安装向导。

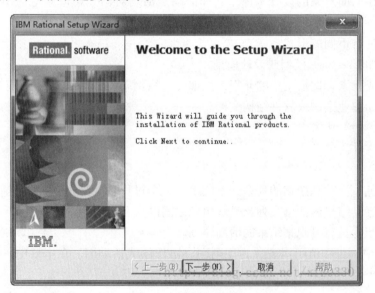

图 2.3　安装欢迎页面

在图 2.3 中单击"下一步"按钮，进入选择部署方式界面，如图 2.4 所示。在该界面中选择"Desktop installation from CD image"进行本地桌面安装。

在图 2.4 中单击"下一步"按钮，进入安装向导界面，如图 2.5 所示。该界面提示马上安装 Rational Rose。

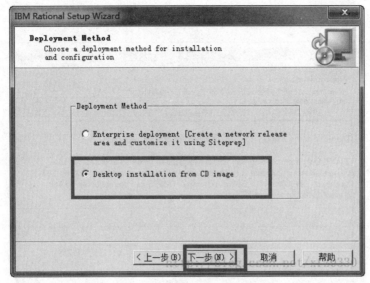

图 2.4　选择部署方式界面

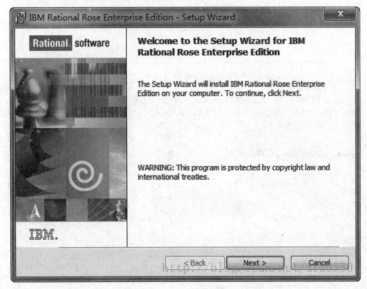

图 2.5　安装界面

在图 2.5 中单击"Next"按钮，进入安装注意事项界面，如图 2.6 所示。

在图 2.6 中单击"Next"按钮，进入软件许可证协议界面，如图 2.7 所示。这里选择"接受"按钮。

在图 2.7 中单击"接受"按钮，进入设置路径界面，如图 2.8 所示。可以单击"Change"按钮选择安装路径。

设置完路径，单击"Next"按钮，进入自定义安装选项，如图 2.9 所示（按照默认设置安装）。

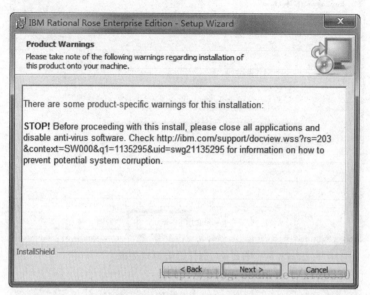

图 2.6　安装注意事项界面

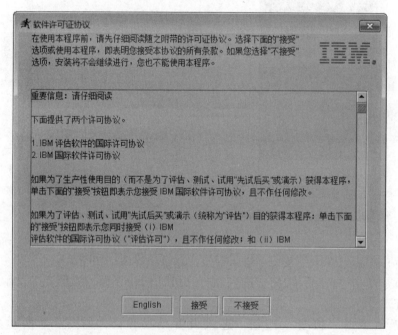

图 2.7　软件许可界面

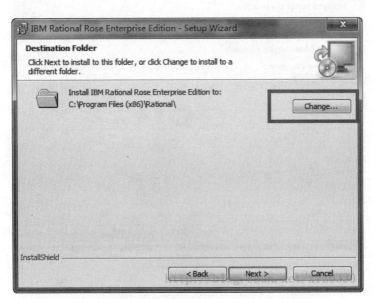

图 2.8　设置安装路径界面

图 2.9　自定义安装选项界面

在图 2.9 中单击"Next"按钮,进入开始安装界面,如图 2.10 所示。

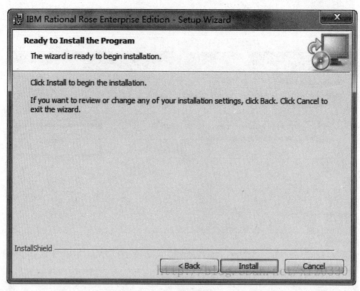

图 2.10　准备安装界面

在图 2.10 中单击"Install"按钮,开始复制文件,如图 2.11 所示。

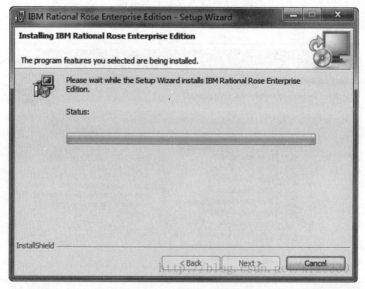

图 2.11　开始复制文件界面

系统安装完毕,提示重启计算机,如图 2.12 所示,选择"Yes"按钮。至此,安装完毕。安装成功后,会弹出注册对话框,如图 2.13 所示。

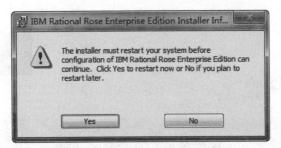

图 2.12　安装完毕提示重启界面

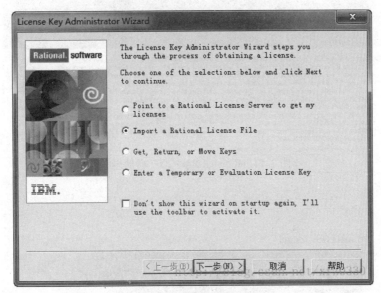

图 2.13　提示注册对话框

2.5　Rational Rose 的使用

2.5.1　Rational Rose 的启动页面

启动 Rational Rose 2007 后，出现的界面如图 2.14 所示。

在启动界面消失以后，出现 Rational Rose 2007 的主界面，以及在主界面前弹出的用来设置启动选项的对话框，如图 2.15 所示。

在"New"（新建）选项卡中，可以选择创建模型的模板。在使用这些模板之前，首先确定要创建模型的目标与结构，从而选择一个与将要创建的模型的目标与结构相一致的模板，然后使用该模板定义的一系列模型元素对待创建的模型进行初始化构建。模板的使用和系统实现的目标一致。如果需要查看该模板的描述信息，可以在选中此模板后，单击"Details"按钮进行查看。如果只是想创建一些模型，这些模型不具体使用哪些模板，这时可以单击"Cancel"按钮取消。

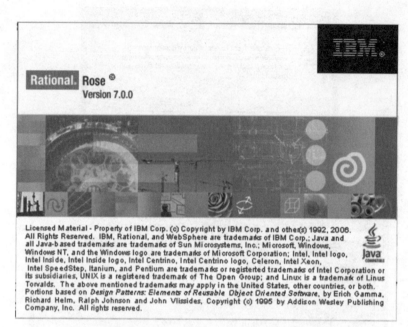

图 2.14　Rational Rose 2007 启动界面

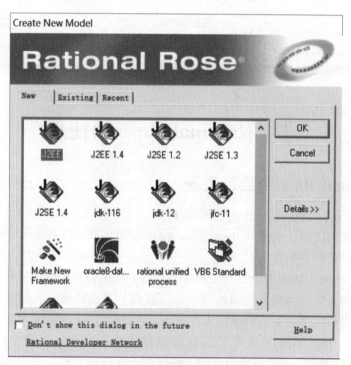

图 2.15　设置启动选项对话框

通过"Existing"(打开)选项卡可以打开一个已经存在的模型。在对话框左侧的列表中，逐级找到该模型所在的目录，然后从右侧的列表中选中该模型，单击"Open"(打开)按钮打开。在打开一个新的模型前，应当保存并关闭正在工作的模型，当然，在打开已经存在的模型时，也会出现提示是否保存当前正在工作的模型的对话框。

在"Recent"(最近使用的模型)选项卡中，可以选择打开一个最近使用过的模型文件，在该选项卡中，选中需要打开的模型，单击"Open"按钮或者双击该模型文件的图标即可。

如果当前已经有正在工作的模型文件，在打开新的模型前，Rose 会先关闭当前正在工作的模型文件。如果当前正在工作的模型中包含未保存的内容，系统将会弹出一个询问是否保存当前模型的对话框。

2.5.2 Rational Rose 的操作页面

Rational Rose 2007 的主界面如图 2.16 所示。

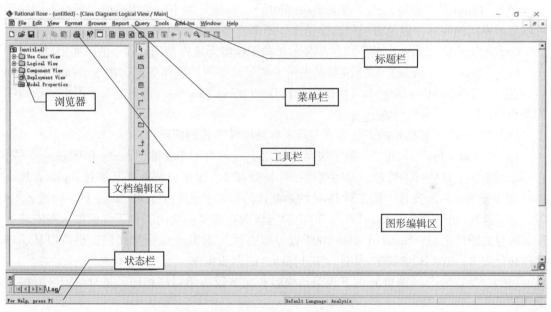

图 2.16　Rational Rose 2007 主界面

Rational Rose 2007 是菜单驱动式的应用程序。主界面主要由标题栏、菜单栏、工具栏、工作区和状态栏构成。默认的工作区域包含四个部分，分别是左侧的浏览器、文档编辑区和右侧的图形编辑区域，以及下方的日志记录。

1. 标题栏

标题栏可以显示当前正在工作的模型文件的名称，如图 2.17 所示。

❖ Rational Rose - (untitled) - [Class Diagram: Logical View / Main]

图 2.17　标题栏示意图

图 2.17 中，对于刚刚建立但还未被保存的模型，名称用"untitled"表示。除此之外，

标题栏还可以显示当前正在编辑的图的名称和位置，如 Class Diagram：Logical View/Main 代表的是在 Logical View（逻辑视图）下创建的名称为 Main 的 Class Diagram（类图）。

2. 菜单栏

在菜单栏中包含了所有在 Rational Rose 2007 中可以进行的操作，一级菜单共有 11 项，如图 2.18 所示。

图 2.18　菜单示意图

（1）"File"（文件）的下级菜单显示了关于文件的一些操作内容。

（2）"Edit"（编辑）的下级菜单是用来对各种图进行编辑操作的，并且它的下级菜单会根据图的不同有所不同，但是会有一些共同的选项。

（3）"View"（视图）的下级菜单是关于窗口显示的操作。

（4）"Format"（格式）的下级菜单是关于字体等显示样式的设置。

（5）"Browse"（浏览）的下级菜单和"Edit"（编辑）的下级菜单类似，根据不同的图可以显示不同的内容，但是有一些选项是这些图都能够使用到的。

（6）"Report"（报告）的下级菜单显示了关于模型元素在使用过程中的一些信息。

（7）"Query"（查询）的下级菜单显示了关于某些图的操作信息。在 Sequence Diagram（序列图）、Collaboration Diagram（协作图）和 Deployment Diagram（部署图）中没有"Query"的菜单选项。

（8）"Tools"（工具）的下级菜单显示了各种插件工具的使用。

（9）"Add-Ins"（插件）的下级菜单选项中只包含一个，即"Add-In Manager…"，它用于对附加工具插件的管理，标明这些插件是否有效。很多外部的产品都对 Rational Rose 2007 发布了 Add-in 支持，用来对 Rose 的功能进行进一步的扩展，如 Java、Oracle 或者 C# 等，有了这些 Add-in，Rational Rose 2007 就可以做更多深层次的工作了。例如，在安装了 Java 的相关插件之后，Rational Rose 2007 就可以直接生成 Java 的框架代码，也可以从 Java 代码转化成 Rational Rose 2007 模型，并进行两者的同步操作。

（10）"Window"（窗口）的下级菜单内容和大多数应用程序相同，是对编辑区域窗口的操作。

（11）"Help"（帮助）的下级菜单内容和大多数应用程序相同，包含了系统的帮助信息。

3. 工具栏

工具栏的形式有两种：Standard（标准）工具栏和编辑区工具栏。标准工具栏在任何图中都可以使用，显示在菜单的下方，如图 2.19 所示。

图 2.19　标准工具栏

编辑区工具栏是根据不同的图形而设置的具有绘制不同图形元素内容的工具栏，显示的时候位于图形编辑区左侧。图 2.20 所示为类图的编辑界面，编辑区左侧为类图的编辑区工具栏。

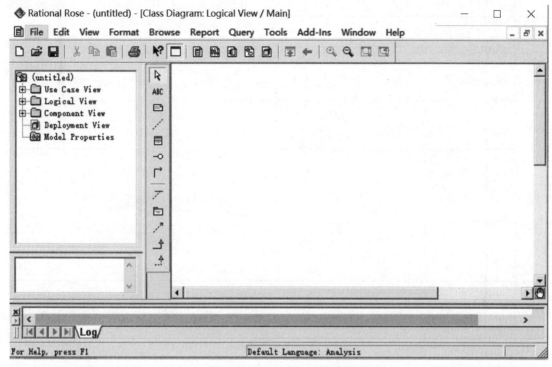

图 2.20 类图工具栏示意图

4. 工作区

工作区由四部分构成，分别为浏览器、文档区、图形编辑区和日志区。在工作区中，可以方便地完成各种 UML 图形的绘制。

1）浏览器和文档区

浏览器和文档区位于 Rational Rose 工作区域的左侧，如图 2.21 所示。

浏览器是一种树形的层次结构，可以帮助我们迅速地查找到各种图和模型元素。在浏览器中，默认创建了四个视图，分别是 Use Case View（用例视图）、Logical View（逻辑视图）、Component View（构件视图）和 Deployment View（部署视图）。在这些视图所在的包或者图下，可以创建不同的模型元素。

文档区用于对 Rational Rose 所创建的图或模型元素进行说明。例如，当对某一个图进行详细说明时，可以将该图的作用和范围等信息置于文档区，那么在浏览或选中该图的时候，就会看到该图的说明信息，模型元素的文档信息也相同。在类中加入的文档信息在生成代码后以注释的形式存在。

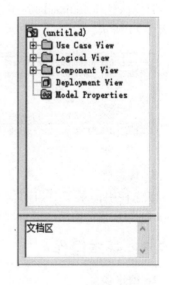

图 2.21 浏览器和文档区

2）编辑区

编辑区位于 Rational Rose 工作区域的右侧，用于对构件图进行编辑操作，界面如图 2.22 所示。

图 2.22　编辑区

编辑区包含了图形工具栏和图的编辑区域，在图的编辑区域中可以根据图形工具栏中的图形元素内容绘制相关信息。在图的编辑区添加的相关模型元素会自动地在浏览器中添加，这样使浏览器和编辑区的信息保持同步。也可以将浏览器中的模型元素拖动到图形编辑区中进行添加。

3）日志区

日志区位于 Rational Rose 工作区域的下方，在日志区中记录了对模型的一些重要操作，如图 2.23 所示。

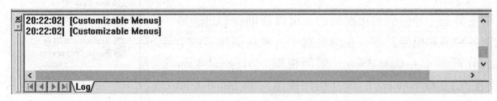

图 2.23　日志区

5. 状态栏

状态栏中记录了对当前信息的提示和当前的一些描述信息，如帮助信息"For Help, press F1"及当前使用的语言"Default Language:Analysis"等信息。

2.5.3　基本操作

1. 创建模型

可以通过选择"File"（文件）菜单栏下的"New"（新建）命令来创建新的模型，也可以通过标准工具栏下的"新建"按钮创建新的模型,这时便会弹出选择模板对话框,选择想要使用的模板,单击"OK"(确定)按钮。如果使用模板,Rational Rose 系统就会将模板的相关初始化信息添加到创建的模型中,这些初始化信息包含了一些包、类、构件和图等。也可以不使用模板,单击"Cancel"(取消)按钮,这个时候创建的是一个空的模型项目。

2. 保存模型

保存模型包括对模型内容的保存和对在创建模型过程中日志记录的保存。这些都可以通过菜单栏和工具栏来实现。

1)保存模型内容

可以通过选择"File"(文件)菜单下的"Save"(保存)命令来保存新建的模型,也可以通过标准工具栏下的"保存"按钮保存新建的模型,保存的 Rational Rose 模型文件的扩展名为". mdl"。在选择"File"(文件)菜单下的"Save"(保存)命令进行保存文件时,在"文件名"文本框中可以设置 Rational Rose 模型文件的名称,如图 2.24 所示。

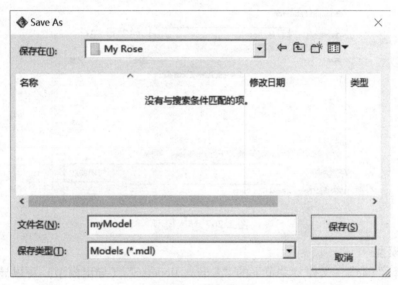

图 2.24　保存模型

2)保存日志

通过选择"File"(文件)菜单下的"Save Log As"(保存日志)可以保存日志,也可以通过"AutoSave Log"(自动保存日志)来保存,通过指定保存目录可以在该文件中自动保存日志记录,如图 2.25 所示。

3. 导入模型

通过选择"File"(文件)菜单下的"Import"(导入)可以导入模型、包或类等,可供选择的文件类型包括 .mdl、.ptl、.sub 或 .cat 等。导入模型后,可以利用现成的对象建模,例如,可以导入一个现成的 C#模型,这样就可以直接利用 C#标准的对象建模,如图 2.26 所示。

图 2.25　保存日志

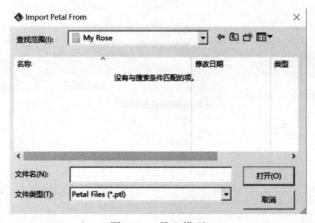

图 2.26　导入模型

4. 导出模型

通过选择"File"(文件)菜单下的"Export Model…"(导出模型)可以导出模型,导出文件的后缀名为.ptl,如图 2.27 所示。

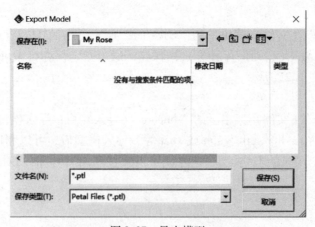

图 2.27　导出模型

5. 发布模型

Rational Rose 提供了将模型生成相关网页，从而在网络上发布的功能，这样可以方便系统模型的设计人员将系统的内容对其他开发人员进行说明。

发布模型的步骤如下：

选择菜单栏中的"Tools"命令下的"Web publisher"选项，弹出图 2.28 所示的对话框。

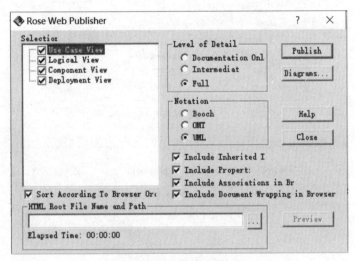

图 2.28　发布模型

在弹出的对话框的"Selection"（选择）选项中选择要发布的内容，包括相关模型视图或者包。在"Level of Detail"（细节级别）单选框中选择要发布的细节级别设置，包括"Documentation Duly"（仅发布文档）、"Intermediate"（中间级别）和"Full"（全部发布），含义如下所示。

①Documentation only（仅发布文档）是指在发布模型的时候包含了对模型的一些文档说明，如模型元素的注释等，不包含操作、属性等细节信息。

②Intermediate（中间级别）是指在发布的时候允许用户发布在模型元素规范中定义的细节，但是不包括具体的程序语言所表达的一些细节内容。

③Full（全部发布）是指将模型元素的所有有用信息全部发布出去，包括模型元素的细节和程序语言的细节等。

然后，在"Notation"（标记）单选框中选择发布模型的类型，可供选择的有"Booch""DMT"和 UML 三种类型，可以根据实际情况选择合适的标记类型。"Include Inherited Items"（包含继承的项）、"Include Properties"（包含属性）、"Include Associations in Browser"（包含关联链接）和"Include Document Wrapping in Brawser"（包含文档说明链接）选项中，选择在发布的时候要包含的内容。

最后，在"HTML Root File Name"（HTML 根文件名称）文本框中设置要发布的网页文件的根文件名称。

如果需要设置发布模型生成的图片格式，可以单击"Diagrams"按钮，弹出的对话框如图 2.29 所示。

图 2.29 中，有四个选项可供选择，分别是"Don't Publish Diagrams"（不要发布图）、"Windows Bitmaps"（BMP 格式）、"Portable Network Graphics"（PNG 格式）和"JPEG"（JPEG 格式）。"Don't Publish Diagrams"（不要发布图）是指不发布图像，仅仅包含文本内容。其余三种指的是发布的图形的文件格式。

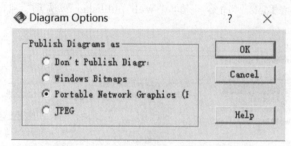

图 2.29　设置发布模型生成的图片格式

单击"Publish"按钮后，弹出如图 2.30 所示的发布过程窗口。

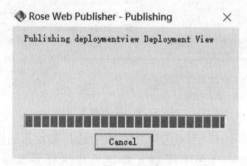

图 2.30　发布过程

2.6　Rational Rose 四种视图模型

在 Rational Rose 建立的模型中包括四种视图，分别是用例视图（Use Case View）、逻辑视图（Logical View）、构件视图（Component View）和部署视图（Deployment View）。创建一个 Rational Rose 工程的时候，会自动包含这四种视图，如图 2.31 所示。

每一种视图针对不同的模型元素，具有不同的用途。在下面的几个小节中将分别对这四种视图进行说明。

1. 用例视图

用例视图包括了系统中的所有参与者、用例和用例图，必要时还可以在用例视图中添加序列图、协作图、活动图和类图等。用例视图与系统中的实现是不相关的，它关注的是系统功能的高层抽象，适合对系统进行分析和获取需求，而不关注系统的具体实现方法。

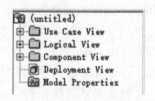

图 2.31　Rational Rose 四种视图模型

在用例视图中，可以创建多种模型元素。在浏览器中选择"Use Case View"（用例视图）选项，右键单击，可见在视图中可以创建的模型元素，如图 2.32 所示。

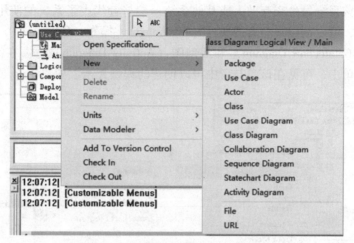

图 2.32　用例视图中可以创建的模型元素

1）包（Package）

包是在用例视图和其他视图中最通用的模型元素组的表达形式。使用包可以将不同的功能区分开来。但是在大多数情况下，在用例视图中使用包的场合很少，基本上不用。这是因为用例图基本上是用来获取需求的，这些功能集中在一个或几个用例图中才能更好地把握，而一个或几个用例图通常不需要使用包来划分。如果需要对很多的用例图进行组织，这个时候才需要使用包的功能。在用例视图的包中，可以再次创建用例视图内允许的所有图形。事实上，也可以将用例视图看成一个包。

2）用例（Use Case）

在前面提到，用例用来表示在系统中所提供的各种服务，它定义了系统是如何被参与者使用的，它描述的是参与者为了使用系统所提供的某一完整功能而与系统之间发生的一段对话。在用例中，可以再创建各种图，包括协作图、序列图、类图、用例图、状态图和活动图等。在浏览器中选择某个用例，右键单击，可见在该用例中可以创建的模型元素，如图 2.33 所示。

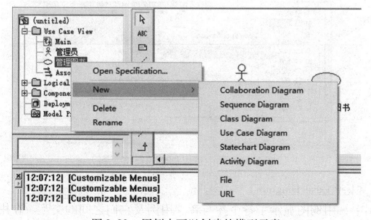

图 2.33　用例中可以创建的模型元素

3）参与者（Actor）

在前面章节关于用例视图的介绍中，提到了关于参与者的内容，参与者是指存在于被定义系统外部并与该系统发生交互的人或其他系统,参与者代表了系统的使用者或使用环境。在参与者的下面,可以创建参与者的属性(Attributed)、操作(Operation)、嵌套类(Nested Class)、状态图(Statechart Diagram)和活动图(Activity Diagram)等。在浏览器中选择某个参与者,右键单击,可见在该参与者中可以创建的模型元素,如图2.34所示。

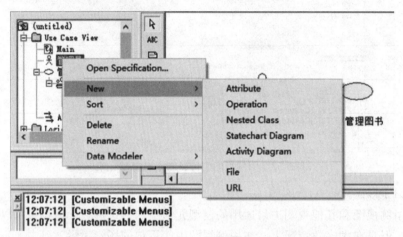

图2.34 参与者中可以创建的模型元素

4)类(Class)

类是对某个或某些对象的定义。它包含有关对象动作方式的信息,包括它的名称、方法、属性和事件。在用例视图中可以直接创建类。在类的下面,也可以创建其他的模型元素,这些模型元素包括类的属性(Attribute)、类的操作(Operation)、嵌套类(Nested Class)、状态图(Statechart Diagram)和活动图(Activity Diagram)等。在浏览器中选择某个类,右键单击,可以看到在该类中允许创建的模型元素。我们注意到,在类下面可以创建的模型元素和在参与者下可以创建的模型元素是相同的,如图2.35所示。事实上,参与者也是一个类。

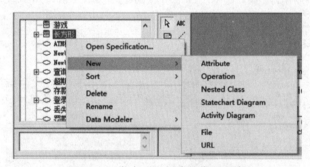

图2.35 类中可以创建的模型元素

5)用例图(Use Case Diagram)

在用例视图中,用例图显示了各个参与者、用例及它们之间的交互。在用例图下可以连接与用例图相关的文件和URL地址。在浏览器中选择某个用例图,右键单击,可以看到在该用例图中允许创建的元素,如图2.36所示。

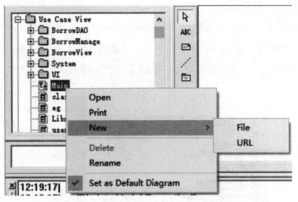

图 2.36　用例图中可以创建的模型元素

6）类图（Class Diagram）

在用例视图下，允许创建类图。类图提供了结构图类型的一个主要实例，并提供了一组记号元素的初始集，供所有其他结构图使用。在用例视图中，类图主要提供了各种参与者和用例中对象的细节信息。与在用例图下相同，在类图下可以创建连接类图的相关文件和 URL 地址。在浏览器中选择某个类图，右键单击，可以看到在该类图中允许创建的元素，如图 2.37 所示。

7）协作图（Collaboration Diagram）

在用例视图下，也允许创建协作图，来表达各种参与者和用

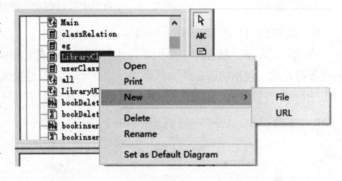

图 2.37　类图中可以创建的模型元素

例之间的交互协作关系。与在用例图下相同，在协作图下可以创建连接与协作图相关的文件和 URL 地址。在浏览器中选择某个协作图，右键单击，可以看到在该协作图中允许创建的元素，如图 2.38 所示。

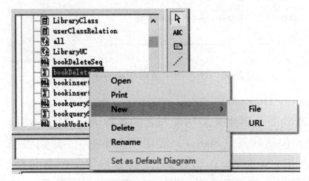

图 2.38　协作图中可以创建的模型元素

8)序列图(Sequence Diagram)

在用例视图下,也允许创建序列图,和协作图一样表达各种参与者和用例之间的交互序列关系。与在用例图下相同,在序列图下也可以创建连接与序列图相关的文件和 URL 地址。在浏览器中选择某个序列图,右键单击,可以看到在该序列图中允许创建的元素,如图 2.39 所示。

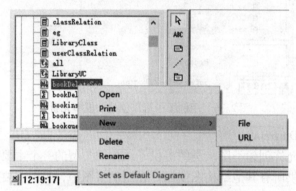

图 2.39 序列图中可以创建的模型元素

9)状态图(Statechart Diagram)

在用例视图下,状态图主要用来表达各种参与者或类的状态之间的转换。在状态图下也可以创建各种元素,包括状态、开始状态和结束状态,以及连接状态图的文件和 URL 地址等。在浏览器中选择某个状态图,右键单击,可以看到在该状态图中允许创建的模型元素,如图 2.40 所示。

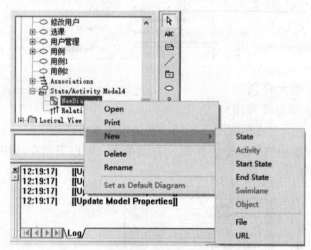

图 2.40 状态图中可以创建的模型元素

10)活动图(Activity Diagram)

在用例视图下,活动图主要用来表达参与者的各种活动之间的转换。同样,在活动图下也可以创建各种元素,包括状态(State)、活动(Activity)、开始状态(Start State)、结束状态(End State)、泳道(Swimlane)和对象(Object)等,还有包括连接活动图的相关文件和 URL 地址。在浏览器中选择某个活动图,右键单击,可以看到在该活动图中允许创建的元素,如图 2.41 所示。

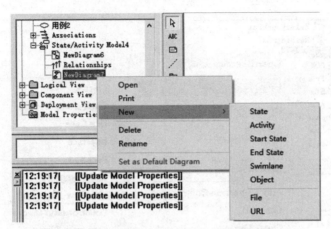

图 2.41　活动图中可以创建的模型元素

11）文件（File）

文件是指能够连接到用例视图中的一些外部文件。它可以详细地介绍用例视图的各种使用信息，甚至可以包括错误处理等信息。

12）URL 地址（URL）

URL 地址是指能够连接到用例视图的一些外部 URL 地址。这些地址用于介绍用例视图的相关信息。

在项目开始的时候，项目开发小组可以选择用例视图进行业务分析，确定业务功能模型，完成系统的用例模型。客户、系统分析人员和系统的管理人员根据系统的用例模型和相关文档确定系统的高层视图。一旦客户同意分析用例模型，就确定了系统的范围，然后就可以在逻辑视图中继续开发，关注在用例中提取的功能的具体分析。

2. 逻辑视图

逻辑视图关注系统是如何实现用例中所描述的功能的，主要是对系统功能性需求提供支持，即在为用户提供服务方面，系统应该提供的功能。在逻辑视图中，用户将系统更加仔细地分解为一系列的关键抽象，将这些大多数来自问题域的事物通过采用抽象、封装和继承的原理，使之表现为对象或对象类的形式，借助于类图和类模板等手段，提供系统的详细设计模型图。类图用来显示一个类的集合与它们的逻辑关系，有关联、使用、组合、继承关系等。相似的类可以划分成为类集合。类模板关注于单个类，它们强调主要的类操作，并且识别关键的对象特征。如果需要定义对象的内部行为，则使用状态转换图或状态图来完成。公共机制或服务可以在工具类中定义。对于数据驱动程度高的应用程序，可以使用其他形式的逻辑视图，例如 E‐R 图，来代替面向对象的方法（OO Approach）。

在逻辑视图下的模型元素包括类、工具类、用例、接口、类图、用例图、协作图、序列图、活动图和状态图等。其中有多个模型元素与用例视图中的模型元素是相同的，这些相同的模型元素请参考用例视图中的相关内容，这里只介绍不重复的模型元素。只要充分地利用这些细节元素，系统建模人员就可以构造出系统的详细设计内容。

在逻辑视图中，同样可以创建一些模型元素。在浏览器中选择"Logical View"（逻辑视图）选项，右键单击，可以看到在该视图中允许创建的模型元素，如图 2.42 所示。

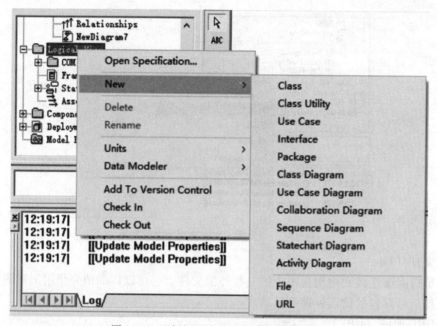

图 2.42　逻辑视图中可以创建的模型元素

1）工具类（Class Utility）

工具类是类的一种，是对公共机制或服务的定义，通常存放一些静态的全局变量，以方便其他类对这些信息进行访问，如图 2.43 所示。

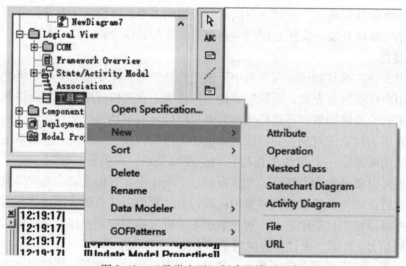

图 2.43　工具类中可以创建的模型元素

2）接口（Interface）

接口和类不同，类可以有它的真实实例，然而接口必须至少有一个类来实现它。和类相同，在接口可以创建接口的属性（Attribute）、操作（Operation）、嵌套类（Nested Class）、状态图（Statechart Diagram）和活动图（Activity Diagram）等。在浏览器中选择某个接口，右键单击，可以看到在该接口中允许创建的元素，如图 2.44 所示。

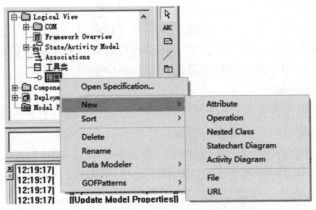

图 2.44 接口中可以创建的模型元素

在逻辑视图中关注的焦点是系统的逻辑结构。在逻辑视图中，不仅要认真抽象出各种类的信息和行为，还要描述类的组合关系等，尽量产生出能够重用的各种类和构件来，这样就可以在以后的项目中，方便地添加现有的类和构件，而不需要从头开始画。一旦标识出各种类和对象并描绘出这些类和对象的各种动作和行为，就可以转入构件视图中，以构件为单位勾画出整个系统的物理结构。

3. 构件视图

构件视图用来描述系统中各个实现模块及它们之间的依赖关系。构件视图包含模型代码库、执行文件、运行库和其他构件的信息，但是按照内容来划分，构件视图主要由包、构件和构件图构成。包是与构件相关的组。构件是不同类型的代码模块，它是构造应用的软件单元，构件可以包括源代码构件、二进制代码构件及可执行构件等。在构件视图中也可以添加构件的其他信息，例如资源分配情况及其他管理信息等。构件图显示各构件及其之间的关系，构件视图主要由构件图构成。一个构件图可以表示一个系统全部或者部分的构件体系。从组织内容上看，构件图显示了软件构件的组织情况及这些构件之间的依赖关系。

构件视图下的元素包括各种构件、构件图及包等。在构件视图中，同样可以创建一些模型元素。在浏览器中选择"Component View"（构件视图）选项，右键单击，可以看到在该视图中允许创建的模型元素，如图 2.45 所示。

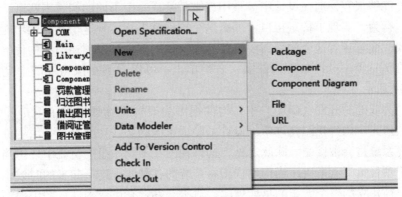

图 2.45 构件视图中可以创建的模型元素

1）包（Package）

包在构件视图中担当的是划分的功能。使用包可以划分构件视图中的各种构件，不同功能的构件可以放置在不同逻辑视图的包中。在将构件放置在某个包中的时候，需要认真考虑包与包之间的关系，这样才能达到在以后的开发程序中重用的目的。

2）构件（Components）

构件图中最重要的模型要素就是构件，构件是系统中实际存在的可更换部分，它实现特定的功能，符合一套接口标准并实现一组接口。构件代表系统中的一部分物理实施，包括软件代码（源代码、二进制代码或可执行代码）或其等价物（如脚本或命令文件）。在图中，构件使用一个带有标签的矩形来表示。在构件下可以创建连接构件的相关文件和 URL 地址。在浏览器中选择某个构件，右键单击，可以看到在该构件中允许创建的模型元素，如图 2.46 所示。

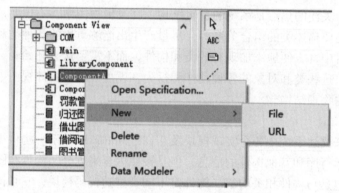

图 2.46　构件中可以创建的模型元素

3）构件图（Component Diagram）

构件图的主要作用是显示系统构件间的结构关系。在 UML 1.1 中，一个构件表现了实施项目，如文件和可运行的程序。在 UML 2 中，构件正式改变了原本概念的一些本质意思，它被认为是在一个或多个系统或子系统中，能够独立地提供一个或多个接口的封装单位。虽然在 UML 2 中没有严格地规范它，但是一旦要呈现事物的更大设计单元的时候，这些事物一般是使用可更换的构件来实现的。现在，构件必须有严格的逻辑，设计时必须进行构造，其主要思想是能够很容易地在设计中被重用或被替换成一个不同的构件来实现，因为一个构件一旦封装了行为，实现了特定接口，那么这个构件就围绕实现这个接口的功能而存在，而功能的完善或改变意味着这个构件需要改变。在构件图下也可以创建连接构件的相关文件和 URL 地址。在浏览器中选择某个构件图，右键单击，可以看到在该构件图中允许创建的元素，如图 2.47 所示。

在以构件为基础的开发（CBD）中，构件视图为架构设计师提供了一个开始为解决方案建模的自然形式。构件视图允许架构设计师验证系统的必需功能是否是由构件实现的，这样确保了最终系统将会被接受。除此之外，构件视图在不同小组的交流中还担当了交流工具的作用。对于项目负责人来讲，当构件视图将系统的各种实现连接起来的时候，构件视图能够展示对将要被建立的整个系统的早期理解。对于开发者来讲，构件视图给他们提供了将要建立的系统的高层次的架构视图，这将帮助开发者开始建立实现的路标，并决定关于任务分配及增进需求技能。对于系统管理员来讲，他们可以获得将运行于他们系统上的逻辑软件构件的早期视图。虽然系统管理员将无法从图上确定物理设备或物理的可执行程序，但是，他们仍然能够通过构件视图较早地了解关于构件及其关系的信息，了解这些信息能够帮助他们轻松地计划后面的部署工作。至于如何进行部署，就需要部署视图来帮忙了。

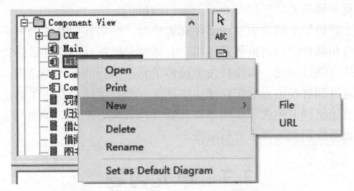

图 2.47　构件图中可以创建的模型元素

4. 部署视图

与前面的那些显示系统的逻辑结构不同，部署视图显示的是系统的实际部署情况，它是为了便于理解系统在一组处理节点上的物理分布。在系统中，只包含有一个部署视图，用来说明各种处理活动在系统各节点的分布。但是，这个部署视图可以在每次迭代过程中都加以改进。部署视图中包括进程、处理器和设备。进程是在自己的内存空间执行的线程；处理器是任何有处理功能的机器，一个进程可以在一个或多个处理器上运行；设备是指没有任何处理功能的机器。图 2.48 显示的是一个部署视图结构。在部署视图中，可以创建处理器和设备等模型元素。在浏览器中选择"Deployment View"（部署视图）选项，右键单击，可以看到在该视图中允许创建的模型元素。

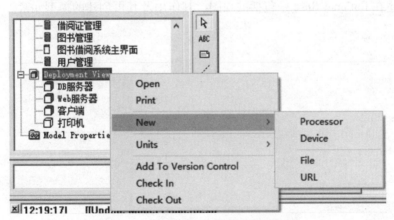

图 2.48　部署视图可以创建的模型元素

1）处理器（Processor）

处理器是指任何有处理功能的节点。节点是各种计算资源的通用名称，包括处理器和设备两种类型。在每一个处理器中允许部署一个或几个进程，并且在处理器中可以创建进程，它们是拥有自己内存空间的线程。线程是进程中的实体，一个进程可以拥有多个线程，一个线程必须有一个父进程。线程不拥有系统资源，只运行必需的一些数据结构，它与父进程的其他线程共享该进程所拥有的全部资源。可以创建和撤销线程，从而实现程序的并发执行。

2）设备（Device）

设备是指没有处理功能的任何节点，例如打印机。

部署视图考虑的是整个解决方案的实际部署情况，所描述的是在当前系统结构中所存在的设备、执行环境和软件运行时的体系结构，它是对系统拓扑结构的最终物理描述。系统的拓扑结构描述了所有硬件单元，以及在每个硬件单元上执行的软件的结构。在这样的一种体系结构中，可以通过部署视图查看拓扑结构中任何一个特定的节点，了解正在该节点上组件的执行情况，以及该组件中包含了哪些逻辑元素（例如类、对象、协作等），并且最终能够从这些元素追溯到系统初始的需求分析阶段。

2.7 单元习题

1. 填空题

（1）Rational Rose 有 6 个最佳实践的有效部署，分别是 ＿＿＿＿、＿＿＿＿、＿＿＿＿、＿＿＿＿、＿＿＿＿ 和 ＿＿＿＿。

（2）Rational 统一开发过程的静态结构包括 ＿＿＿＿、＿＿＿＿、＿＿＿＿ 和 ＿＿＿＿。

（3）Rational Rose 四种视图模型为 ＿＿＿＿、＿＿＿＿、＿＿＿＿ 和 ＿＿＿＿。

2. 简答题

（1）简述迭代过程的几个阶段。

（2）简述 Rational Rose 的操作界面由哪些部分构成及各部分的作用。

（3）简述在 Rational Rose 中包括的视图、其作用及其可创建的模型元素。

实践篇

第 3 章

用 例 图

3.1 项目背景

项目初期,开发方要获取项目需求,图书借阅系统的需求如下:

(1) 借阅者要想借出图书,必须先在系统中注册一个账户,然后图书管理员为借阅者办理借书证。持有借书证的借阅者可以借出图书、归还图书。

(2) 借出图书时,借阅者将图书和借阅证交给图书借阅员,办理借阅手续。图书借阅员首先输入借阅者的借阅证号,系统验证借阅证是否有效,验证是否有超期图书。通过验证后,方可完成借书操作。

(3) 还书时,只需将图书交给图书借阅员。图书借阅页输入条码验证是否为本库藏书,是否超期。验证通过,完成还书。

(4) 借书和还书时,如有图书损坏、丢失或超期情况,将进行相应的罚款。

(5) 图书管理员可以管理图书信息,包括图书名称、编码、类型、作者、出版社、价格。

(6) 系统管理员可以添加、删除、修改用户,设置用户权限。

在项目初期阶段,不必过多地考虑系统实现的细节,主要工作是先明确系统的边界,即对用户需求进行分析,分析出系统的参与者及这些参与者会使用系统的哪些功能。明确了系统范围,就能更好地估算项目的成本和进度,做出合理的计划和安排,为之后的各个阶段打下良好的基础。UML 中使用"用例图"来对需求分析的结果建模。

所以,关于用例图,大家要明确以下几点:

①用例图常应用于需求分析阶段;

②描述人们希望如何使用一个系统,即描述待开发系统的功能需求;

③画好用例图是由软件需求到最终实现的第一步,是后续开发工作的基础;

④用例图用于验证和检测所开发的系统是否满足系统需求,从而影响到开发各个阶段和 UML 的各个模型。

那么用例图具体如何通过图形元素来描述项目需求呢?用例图是由参与者(Actor)、用例(Use Case)及它们之间的关系构成的用于描述系统功能的静态视图。用例图(User Case)是被称为参与者的外部用户所能观察到的系统功能的模型图,呈现了一些参与者和一些用例,以及它们之间的关系,主要用于对系统、子系统或类的功能行为进行建模。简单示例如图 3.1 所示：

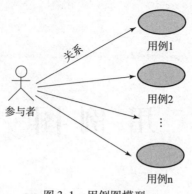

图 3.1　用例图模型

3.2　项目任务

1. 任务描述

绘制图书借阅系统的图书借阅功能的用例图。

从需求中抽取图书借阅部分功能如下：

（1）借出图书时，借阅者将图书和借阅证交给图书借阅员，办理借阅手续。图书借阅员首先输入借阅者的借阅证号，系统验证借阅证是否有效，验证是否有超期图书。通过验证后，方可完成借书操作。

（2）借书时，如有图书损坏、丢失或超期情况，将进行相应的罚款。

2. 验收标准

（1）参与者识别是否准确。

（2）参与者之间的关系是否合理。

（3）用例识别是否准确。

（4）用例之间的关系是否合理。

（5）能否正确使用 Rational Rose 中的图标绘制用例图。

（6）用例的描述是否正确，文档格式是否整洁美观。

3.3　预备知识

3.3.1　参与者

1. 参与者元素

参与者（Actor）是指存在于系统外部并直接与系统进行交互的人、系统、子系统或类的外部实体的抽象。每个参与者可以参与一个或多个用例，每个用例也可以有一个或多个参与者。在用例图中使用一个人形图标来表示参与者，参与者的名字写在人形图标下面。如图 3.2 所示。

参与者有三大类：
①第一类参与者是真实的人，即用户，是最常见的参与者，几乎存在于每一个系统中。
②第二类参与者是其他的系统及硬件设备（如：财务系统或者公交刷卡机）。
③第三类参与者是一些可以运行的进程（如：当经过一定的时间触发系统中的某个事件，时间就是参与者；当完成某个进程后可触发某个用例，那么这个进程就是参与者）。

2. 参与者之间的关系

由于参与者实质上也是类，所以它拥有与类相同的关系描述，即参与者与参与者之间主要是泛化关系（或称为"继承"关系），如图 3.3 所示。

图 3.2　参与者图标

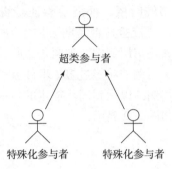

图 3.3　参与者之间的泛化关系

3.3.2　用例

1. 用例元素

用例是外部可见的系统功能单元，即一个用例就指系统的一种功能。用例的用途是，在不揭示系统内部构造的前提下定义连贯的行为。

在 UML 中，用例用一个椭圆来表示，用例的名字可以写在椭圆的下方。如图 3.4 所示。

图 3.4　用例的图标

2. 用例命名

每个用例都必须有唯一的名字，以区别于其他用例。用例的名字是一个字符串，包括简单名和路径名。如图 3.5 所示。

3. 用例之间的关系

参与者与用例之间的联系用实线的箭线连接。如图 3.6 所示。

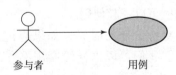

图 3.5　用例的命名　　　　　图 3.6　参与者与用例之间的关系

用例除了与其参与者发生关联外，还可以具有系统中的多个关系，这些关系包括包含关系、扩展关系和泛化关系。如图 3.7 所示。

应用这些关系的目的是从系统中抽取出公共行为和其变体。

1）包含关系

包含关系指用例可以简单地包含其他用例具有的行为，并把它所包含的用例行为作为自身行为的一部分。

主要有两种情况需要用到包含关系：

第一，多个用例用到同一段的行为，则可以把这段共同的行为单独抽象成为一个用例，然后让其他用例来包含这一用例。

如借书和还书的时候，都需要验证是否超期，则可以将共同行为"校验是否超期"抽象为一个用例，包含在借书和还书用例中。如图 3.8 所示。

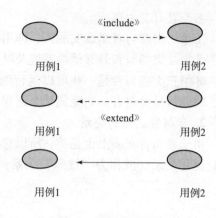

图 3.7　用例之间的关系

第二，某一个用例的功能过多、事件流过于复杂时，我们也可以把某一段事件流抽象成为一个被包含的用例，以达到简化描述的目的。例如，管理用户包括添加用户、修改用户、删除用户，可以用图 3.9 表示。

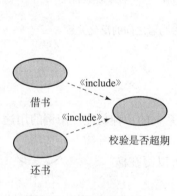

图 3.8　包含关系实例一

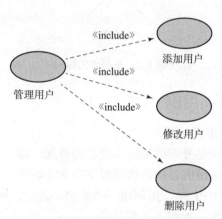

图 3.9　包含关系实例二

2）扩展关系

在一定条件下，把新的行为加入已有的用例中，获得的新用例叫作扩展用例（Extension），原有的用例叫作基础用例（Base），从扩展用例到基础用例的关系就是扩展关系。

一个基础用例可以拥有一个或者多个扩展用例，这些扩展用例可以一起使用。

比如，身份验证的时候，如果忘记密码，可能会修改密码。我们可以这样绘制用例图，如图 3.10 所示。

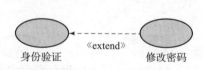

图 3.10　扩展关系实例

扩展用例和包含关系的区别：

在扩展关系中，基础用例的执行不一定要涉及扩展用例，扩展用例只有在满足一定条件下才会被执行，而在包含中，当基础用例被执行完成后，被包含用例一定会被执行。

即使没有扩展用例，扩展关系中的基础用例本身也是完整的。而对于包含关系，基础用例在没有被包含用例的情况下就是不完整的存在。

3）泛化关系

一个父用例可以被特化形成多个子用例，而父用例和子用例之间的关系就是泛化关系。

在用例的泛化关系中，子用例继承了父用例所有的结构、行为和关系，子用例是父用例的一种特殊形式。

子用例还可以添加、覆盖、改变继承的行为。在 UML 中，用例的泛化关系通过一个三角箭头从子用例指向父用例来表示。

例如，存款可以在银行柜台操作，也可以在 ATM 机上操作。可以创建如图 3.11 所示的泛化关系的用例图。

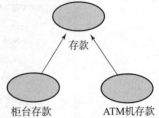

图 3.11 泛化关系实例

4. 用例描述

用例图简单明了，能让项目关系人在短时间内了解项目参与者及参与者相关的系统功能。但功能的细节不宜在用例图中过多描述。可以采用"用例图"结合"用例描述"的方式，对系统需求分析的结果进行建模。用例描述，描述该用例的作用，说明应当简明扼要，但应包括执行用例的不同类型用户和通过这个用例要达到的结果，见表 3.1。

表 3.1 "用例描述"详细说明表

功能编号	唯一标识用例的编号	用例名称	说明用例功能的名称
用例描述	对用例功能进行简明扼要的描述		
优先级	一般、中等、优先等描述。根据功能重要性和紧急程度来划分优先级		
参与者	用例图中与该用例相关联的参与者		
前置条件	在该用例系统功能开始操作之前，要做好哪些准备工作		
后置条件	该用例的系统功能执行完毕，系统产生了哪些变化		
事件流	事件流是从用户角度描述执行用例的具体步骤，关注系统"做什么"，而不是"怎么做"。 基本流： 用例如何开始和结束、用例如何与参与者交互、用例的正常流程。 备选流： 描述基本流的变体和错误流。 如果功能复杂，可以用活动图、状态图等细化用例的动态行为		
活动图	描述复杂的程序流程，具体内容参见第 7 章		

3.3.3 用 Rational Rose 制作用例图

1. 创建用例图

在 Use Case View 文件夹上，单击鼠标右键，在弹出菜单中选择 "New" → "Use Case

Diagram"即可。如图 3.12 所示。

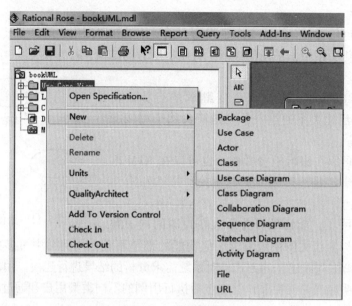

图 3.12　新建用例图

创建用例图后,"Use Case Diagram"树形结构下生成一个名称为"NewDiagram"的用例图文件,可以直接修改新建的用例图名称为"LibraryUC"。也可以选中,右击,在弹出菜单中选择"Rename"进行重命名。如图 3.13 所示。

图 3.13　用例图命名

双击用例图"LibraryUC",打开用例图编辑区。用例图编辑区左侧的工具栏说明见表 3.2。

表 3.2　用例图工具栏

图标	名称	用途
	Selection Tool	选择一个项目
	Text Box	将文本框加进框图
	Note	注释
	Anchor Note to Item	将注释和用例图元素相连
	Package	包
	Use Case	用例

续表

图标	名称	用途
ᛩ	Actor	参与者
⌐→	Unidirectional Association	关联关系
↗	Dependency or Instantiates	包含、扩展等关系
△	Generalization	泛化关系

2. 创建参与者

用鼠标左键单击工具栏中的 ᛩ 图标，然后在用例图编辑区单击鼠标左键，即可添加一个参与者。可以直接修改参与者小人图标下方的参与者名称，也可以右击，选择"Open Specification…"，打开属性编辑窗口，对参与者进行命名。如图 3.14 及图 3.15 所示。

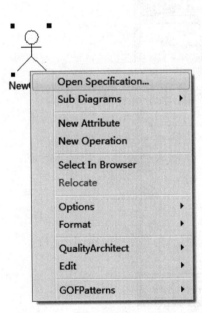

图 3.14 打开属性对话框   图 3.15 参与者属性对话框

可以通过拖曳参与者图标四角的黑点来改变参与者的大小。

用例之间的泛化关系，空心箭头从"特殊"指向"一般"，例如，创建两个参与者"管理员"和"借阅管理员"，鼠标左键单击 △ 图标，然后鼠标左键按住"借阅管理员"，拖曳至"管理员"后，松开鼠标左键，即完成泛化关系的创建。如图 3.16 所示。

3. 创建用例

用鼠标左键单击工具栏中的 ◯ 图标，然后在用例图编辑区单击鼠标左键，即可添加一个用例。如图 3.17 所示。

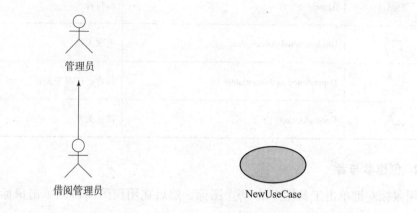

图 3.16　参与者之间的关系　　　图 3.17　用例示意图

可以直接修改用例图标下方的名称，也可以右击，选择"Open Specification…"，打开属性编辑窗口，对用例进行命名。如图 3.18 所示。

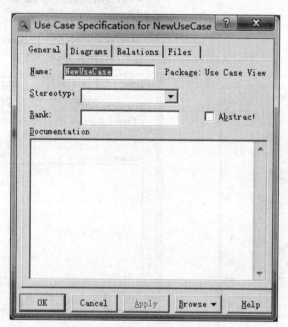

图 3.18　用例规格说明对话框

4. 参与者与用例之间的关系

参与者与用例之间的关联关系，用实线箭线关联。选中 ↗ 图标，在参与者上单击鼠标左键，拖曳至与其有关联的用例后松手，便创建了用例和参与者之间的关系。如图 3.19 所示。

图 3.19 参与者与用例之间的关系

5. 用例之间的关系

用例之间有三种关系：包含、扩展和泛化。其中包含和扩展关系，通过虚线箭线关联。选中 ↗ 图标，在基础用例上单击鼠标左键，拖曳至被包含用例后松手，便将基础用例和被包含用例连接起来。双击虚线，或者选中虚线，右击，选择"Open Specification…"，打开属性编辑窗口，修改"Stereotype"属性，"包含"关系在下拉框中选择"include"，"扩展"关系在下拉框中选择"extend"。如图 3.20 所示。

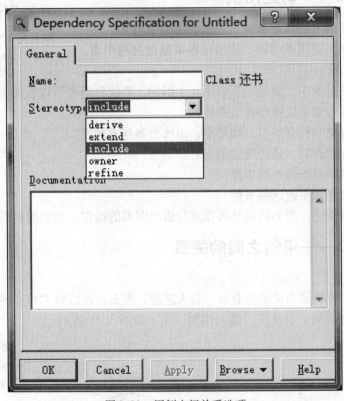

图 3.20 用例之间关系选项

用例之间的泛化关系可以参考参与者之间的关系创建，这里不再赘述。

3.4 项目实施

3.4.1 任务1——确定参与者

在获取用例前，要先确定系统的参与者，可以根据以下的一些问题来寻求系统的参与者。

①谁将使用该系统的主要功能？
②谁将需要该系统的支持以完成其工作？
③谁将需要安装、维护、管理该系统，以及保持该系统处于工作状态？
④系统需要处理哪些硬件设备？
⑤与该系统发生交互的是什么系统？
⑥谁或什么系统对本系统产生的结果感兴趣？

需求中提到的系统使用者是借阅管理员，可识别出用例图的参与者是借阅管理员；借阅管理员也属于一种特殊的管理员，所以可以创建如图 3.21 所示的参与者关系。

图 3.21　图书借阅功能参与者图

3.4.2　任务 2——确定用例

识别用例最好的方法就是从分析系统的参与者开始，考虑每个参与者是如何使用系统的。使用这种策略的过程中可能会发现新的参与者。

在识别用例的过程中，通过回答以下几个问题，系统分析者可以获得帮助。
①特定参与者希望系统提供什么功能？
②系统是否存储和检索信息，如果是，由哪个参与者触发？
③当系统改变状态时，是否通知参与者？
④是否存在影响系统的外部事件？
⑤哪个参与者通知系统这些事件？

通过需求中的描述，图书借阅员可以进行借出图书的操作，绘制用例图 3.22。

3.4.3　任务 3——用例之间的关系

1. 包含关系

借书时，需要校验借书证是否有效、是否超期。那么，可以将"校验借书证号""校验是否超期"抽象为用例，包含于"借书用例"中。如图 3.23 所示。

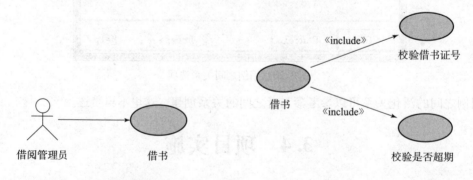

图 3.22　图书借阅员用例图　　图 3.23　用例包含关系示意图

2. 扩展关系

借书时，如果超期，会进行罚款，这个罚款功能是在借书的时候才产生的，是有条件的，可能执行，也可能不执行，所以罚款用例是一个从借书用例扩展出来的用例。注意箭头的方向，从罚款指向借书。用例图如图3.24所示。

3. 泛化关系

借书时，如有图书损坏、丢失或超期情况，将进行相应的罚款。损坏罚款、丢失罚款和超期罚款都是罚款的一种，它们与罚款用例构成"一般－特殊"的泛化关系。如图3.25所示。

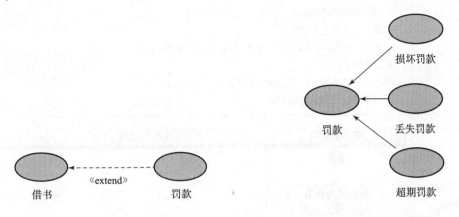

图3.24 用例扩展关系示意图　　图3.25 用例泛化关系示意图

3.4.4 任务4——用例描述

图书借阅系统借书用例详细说明，见表3.3。

表3.3 图书借阅系统借书用例详细说明表

功能编号	bookMis001	用例名称	借书
用例描述	借出图书时，借阅者将图书和借阅证交给图书借阅员，办理借阅手续。图书借阅员首先输入借阅者的借阅证号，系统验证借阅证是否有效，验证是否有超期图书。通过验证后，方可完成借书操作。借书时，如有图书损坏、丢失或超期情况，将进行相应的罚款			
优先级	一般			
参与者	图书借阅员			
前置条件	(1) 图书借阅员成功登录到系统 (2) 借阅者信息存在 (3) 图书在库			
后置条件	(1) 图书库存减少 (2) 创建一条借阅记录			

续表

功能编号	bookMis001	用例名称	借书
事件流	基本流： 1. 图书借阅员：输入借阅者信息。 2. 系统：校验是否存在该人员。 3. 系统：存在该人员，提示录入图书信息。 4. 图书借阅员：录入图书信息。 5. 系统：校验是否超期。 6. 系统：未超期，图书库存减少一本；创建一条借阅记录。 备选事件流： 3A 不存在该人员，提示系统中不存在该人员，借书失败。 6A 超期，进入罚款功能页面		
活动图	（活动图：图书借阅员泳道——录入借阅者信息→录入图书信息；系统泳道——校验借阅者是否存在→提示录入图书信息/提示人员不存在→校验图书是否超期→增加借书记录→减少图书库存/提示超期罚款）		

3.5 同步训练

3.5.1 课堂实战

完成还书功能的用例图和用例描述分别如图 3.26 和表 3.4 所示。

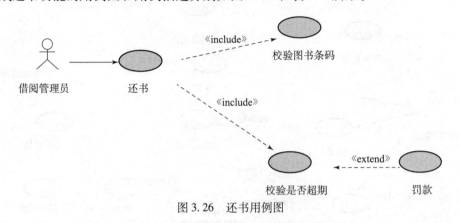

图 3.26 还书用例图

表 3.4 图书借阅系统还书用例详细说明表

功能编号	bookMis002	用例名称	还书
用例描述	还书时，将图书交给图书借阅员。输入条码验证是否为本库藏书、是否超期。验证通过，完成还书。还书时，如有图书损坏、丢失或超期情况，将进行相应的罚款			
优先级	一般			
参与者	借阅管理员			
前置条件	借阅管理员成功登录到系统			
后置条件	（1）记录还书时间（2）图书库存增加			
事件流	基本流： 1. 图书借阅员：扫描图书条码。 2. 系统：校验是否为本库藏书。 3. 系统：校验通过，查询借阅记录，判断是否超期。 4. 系统：未超期，记录还书信息，图书库存增加一本。 备选事件流： 2A 校验不通过，提示非本库藏书。 3A 超期，进入罚款功能页面			

3.5.2 课后练习

完成图书借阅系统全部的用例图，如图 3.27 所示。

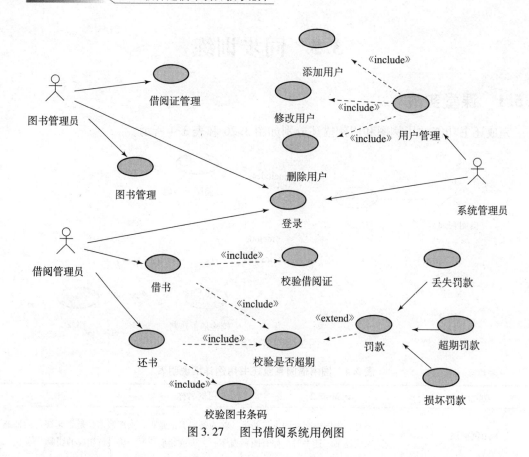

图 3.27　图书借阅系统用例图

3.6　单元习题

1. 填空题

（1）在软件开发的生命周期中，用例图主要在_____阶段和_____阶段使用。

（2）一个用例图的组成要素是_____、_____和_____。

（3）用例中的主要关系有_____、_____和_____。

2. 简答题

（1）简述用例图的主要功能。

（2）简述识别参与者和用例的方法。

（3）简述在 Rational Rose 中绘制用例图的基本步骤和方法。

第 4 章

类图与对象图

4.1 项目背景

在完成了系统的用例图之后,就可以根据用例图的参与者及用例来进行 UML 的静态设计了。

在对一个软件系统进行设计和建模的时候,通常是从构造系统的基本词汇开始,包括构造这些基本词汇的基本属性和行为。然后要考虑的是这些基本词汇之间的关系,因为在任何系统中,孤立的元素是很少出现的。这样系统分析师就能从结构上对所要设计的系统有清晰的认识。比如图书,首先分析它们的属性(如条码、书名、作者等)和行为(新增入库、修改信息等),然后再考虑这些词汇间的关系。

系统分析师将上述行为可视化为图,这就是通常所说的类图。类图是面向对象系统建模中最常用的图,它是定义其他图的基础。在类图的基础上,状态图、协作图、构件图和配置图等将进一步描述系统的其他方面的特性。

对象图是类图的实例,几乎有与类图完全相同的标识。它们的不同点在于对象图显示类图的多个对象实例,一个对象图是类图的一个实例。由于对象存在生命周期,因此对象图只能在系统某一时间存在。

4.2 项目任务

1. 任务描述

绘制图书借阅系统的借出功能的类图。

图书借出部分功能如下:

借出图书时,借阅者将图书和借阅证交给图书借阅员,办理借阅手续。图书借阅员首先输入借阅者的借阅证号,系统验证借阅证是否有效,验证是否有超期图书。通过验证后,方可完成借书操作。

本章重点讲解类图,对象图只做简单的介绍。对于具体画法,下一章再进行详细介绍。

2. 验收标准

①掌握类图的功能和组成元素。

②理解类之间的关系。
③能从需求中分析识别出类及类之间的关系。
④能正确使用 Rational Rose 中的图标，绘制类图。
⑤理解对象图的功能和绘制方法。
⑥了解对象图和类图的关系。

4.3 预备知识

4.3.1 类图

类（Class）封装了数据和行为，是面向对象的重要组成部分，它是具有相同属性、操作、关系的对象集合的总称。在系统中，每个类都具有一定的职责，职责指的是类要完成什么样的功能，要承担什么样的义务。一个类可以有多种职责，设计得好的类一般只有一种职责。在定义类的时候，将类的职责分解成为类的属性和操作（即方法）。类的属性即类的数据职责，类的操作即类的行为职责。设计类是面向对象设计中最重要的组成部分，也是最复杂和最耗时的部分。

在 UML 中，类用矩形来表示，并且该矩形被划分为 3 个部分：名称部分（Name），属性部分（Attribute）和操作部分（Operation，也可以称为方法）。其中，顶端的部分存放类的名称，中间的部分存放类的属性（Attribute）。底部的部分存放类的操作（Operation），如图 4.1 所示。它们的语法是独立于编程语言的。

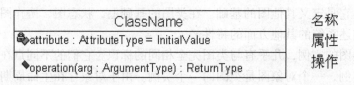

图 4.1 类图的结构

1. 名称

类的名称应该来自系统的问题域。应该是一个名词，且不应该有前缀或后缀。分为简单名称和路径名称，如图 4.2 所示。

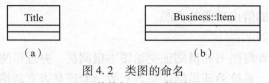

图 4.2 类图的命名
(a) 简单名；(b) 路径名

2. 属性

属性描述了类在软件系统中代表的事物（即对象）所具备的特性。类可以有任意数目的属性，也可以没有属性。在 UML 中，类属性的语法为：

［可见性］属性名［：类型］［＝初始值］［｛属性字符串｝］

（1）可见性。其类型有如下几种：
①公有（Public），"+"。
②私有（Private），"-"。
③受保护（Protected），"#"。

（2）属性名。每个属性都必须有一个名字，以区别于类中的其他属性。属性名由描述所属类的特性的名词或名词短语组成。单个属性名小写，如果属性名包含了多个单词，这些单词要合并，并且除了第一个单词外，其余单词的首字母要大写。

（3）类型。简单类型，如 int、float、double、boolean 等，以及系统中的其他类。

（4）初始值。目的：
①保护系统的完整性。
②为用户提供易用性。

（5）属性字符串。用来指定关于属性的其他信息。对属性的说明或者规约，都可以放在属性字符串里。

3. 操作

操作是对类的对象所能做的事务的抽象。一个类可以有任意数量的操作或者根本没有操作。返回类型、名称和参数一起被称为操作签名。在 UML 中，类操作的语法为：

[可见性]操作名[(参数表)][:返回类型][{属性字符串}]

（1）可见性。其类型有如下几种：
①公有（Public），"+"。
②私有（Private），"-"。
③受保护（Protected），"#"。
④包内公有（Package），"~"。

（2）操作名。用来描述所属类的行为的动词或动词短语。单字操作名小写，如果操作名包含了多个单词，这些单词要合并，并且除了第一个单词外，其余单词的首字母要大写。

（3）参数表。参数表是一些按顺序排列的属性，定义了操作的输入。参数表是可选的，即操作不一定必须有参数才行。其定义方式为"名称：类型"。若存在多个参数，将各个参数用逗号隔开。参数可以具有默认值。

（4）返回类型。是可选的，即操作不一定必须有返回类型。绝大部分编程语言只支持一个返回值。具体的编程语言一般要加一个关键字 void 来表示无返回值。

（5）属性字符串。在操作的定义中加入一些除了预定义元素之外的信息。

4. 职责

类的职责是类或其他元素的契约或义务。类的职责是自由形式的文本，写成一个短语、一个句子或一段短文。在 UML 中，把职责列在类图底部的分隔栏中，如图 4.3 所示。

5. 约束

指定了类所要满足的一个或多个规则，如图 4.4 所示。

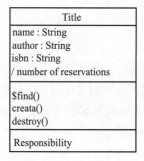
图 4.3　类的职责示意图

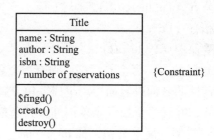
图 4.4　类的约束示意图

6. 注释

注释是对类的说明，可以包含图形，也可以包含文本，如图 4.5 所示。

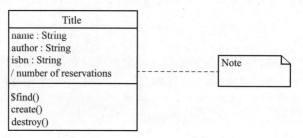
图 4.5　类的注释示意图

4.3.2　类之间的关系

1. 依赖关系

以下五种情况构成类之间的依赖关系：

①表示两个或多个模型元素之间语义上的关系。

②调用，一个类调用另一个类的方法。

③参数，一个类的方法使用另一个类作为形式参数，如图 4.6 所示。

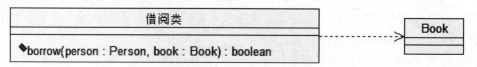
图 4.6　类之间的依赖关系示意图

④发送，消息的发送者与接收者之间的关系。

⑤实例化，一个类的方法创建了另一个实例。

2. 泛化关系

泛化关系是存在于一般元素和特殊元素间的分类关系，可以用于类、用例及其他模型元素，描述了一种"is a kind of"的关系，如图 4.7 所示。

3. 关联关系

一种结构关系，指明事物的对象之间的联系，如图 4.8 所示。

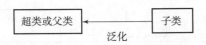

图 4.7　类之间的泛化关系示意图　　　　图 4.8　类之间的关联关系示意图

关联的两端可以以某种角色参与关联，如果不标注角色，则隐含用类名作为角色名，如图 4.9 所示。

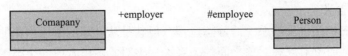

图 4.9　参与关联的类的角色示意图

角色的多重性，表示可以有多少个对象参与该关联，如图 4.10 所示。

1）聚合关系

① 一种特殊类型的关联。
② 表示整体与部分关系的关联。
③ 描述了 "has a" 的关系。

如图 4.11 所示。

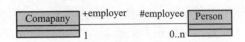

图 4.10　角色的多重性示意图

2）组合关系

① 聚合关系中的一种特殊情况，是更强形式的聚合，又称强聚合。
② 成员对象的生命周期取决于聚合的生命周期。
③ 聚合不仅控制着成员对象的行为，还控制着成员对象的创建和解构。

如图 4.12 所示。

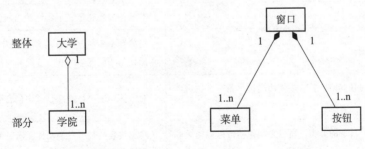

图 4.11　聚合关系示意图　　　　图 4.12　组合关系示意图

4. 实现关系

接口是在没有给出对象的实现和状态的情况下对对象行为的描述。接口包含操作，但不包含属性，且它没有对外界可见的关联。一个类可以实现一个或多个接口，且必须实现接口中所有的操作。

在 UML 中，接口是用一个带有名称的小圆圈表示的，并且通过一条实线与其他模型元素相连接，如图 4.13 所示。

在 UML 中，实现关系的表示形式和泛化关系的符号很相似，使用一条带封闭空间头的虚线来表示，如图 4.14 所示。

图 4.13　接口和实现示意图　　　　图 4.14　实现关系示意图

4.3.3　对象图

1. 对象图的含义

对象图与类图一样，反映系统的静态过程，但它是从实际的或原型化的情景来表达的。

对象图显示某时刻对象和对象之间的关系。一个对象图可看成一个类图的特殊用例，实例和类可在其中显示。对象也和协作图相联系，协作图显示处于语境中的对象原型（类元角色）。

对象图是类图的实例，几乎使用与类图完全相同的标识。它们的不同点在于对象图显示类的多个对象实例，而不是实际的类。一个对象图是类图的一个实例。由于对象存在生命周期，因此，对象图只能在系统某一时间段存在。

2. 类图与对象图的区别

类图与对象图的区别见表 4.1。

表 4.1　类图与对象图的区别

类图	对象图
在类中包含三部分，分别是类名、类的属性和类的操作	对象包含两个部分：对象的名称和对象的属性
类的名称栏只包含类名	对象的名称栏包含"对象名：类名"
类的属性栏定义了所有属性的特征	对象的属性栏定义了属性的当前值
类中列出了操作	对象图中不包含操作内容，因为属于同一个类的对象，其操作是相同的
类中使用了关联连接，关联中使用名称、角色及约束等特征定义	对象使用链进行连接，链中包含名称、角色
类代表的是对对象的分类，所以必须说明可以参与关联的对象的数目	对象代表的是单独的实体，所有的链都是一对一的，因此不涉及多重性

3. 对象图的组成

对象图是由对象和链组成的。

1）对象

对象是类的实例，对象是用与类相同的几何符号作为描述符的，但对象使用带有下划线的实例名，将它作为个体区分开来。顶部表示对象名和类名，并以下划线标识，使用语法是"对象名:类名"；底部包含属性名和值的列表。在 Rational Rose 中，不显示属性名和值的列表，但可以只显示对象名称，不显示类名，并且对象的符号图形与类图中的符号图形类似，如图 4.15 所示。

2）链

链是两个或多个对象之间的独立连接，它是对象引用元组（有序表），是关联的实例。对象必须是关联中相应位置处类的直接或者间接实例。一个关联不能有来自同一关联的迭代连接，即两个相同的对象引用元组。

在 UML 中，链的表示形式为一个或多个相连的线或弧。在自身相关联的类中，链是两端指向同一对象的回路。图 4.16 所示是链的普通和自身关联的表示形式。

图 4.15　对象图的对象

图 4.16　对象图的链

4.3.4　用 Rational Rose 制作类图

1. 创建类

1）创建类图

在 Use Case View 文件夹上，单击鼠标右键，在弹出菜单中选择"New"→"Class Diagram"即可，如图 4.17 所示。

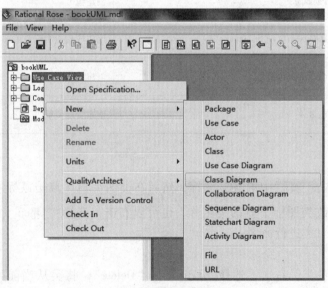
图 4.17　新建类图

创建类图后，"Use Case Diagram"树形结构下生成一个名称为"NewDiagram"的类图文件，可以直接修改新建的类图名称为"LibraryClass"。也可以选中，右击，在弹出菜单中选择"Rename"进行重命名，如图 4.18 所示。

双击类图"LibraryClass"，打开类图编辑区，编辑区左侧的工具栏说明见表 4.2。

图 4.18　类图命名

表 4.2 类图工具栏

图标	名称	用途
▸	Selection Tool	选择工具
ABC	Text Box	创建文本框
🗒	Note	创建注释
╱	Anchor Note to Item	将注释和类图元素相连
🗒	Class	创建类
─o	Interface	创建接口
┌▸	Unidirectional Association	关联关系
╱	Association Class	创建关联类，并与关联关系连接
🗀	Package	创建包
↗	Dependency or Instantiates	创建依赖或实例关系
△	Generalization	创建泛化关系
△	Realize	创建实现关系

2）新建类

用鼠标左键单击工具栏中的 🗒 图标，然后在类图编辑区单击鼠标左键，即可添加一个类。可以直接修改类图标下方的类名称，也可以右击，选择"Open Specification…"，打开属性编辑窗口，对类进行命名。

3）删除类

选中需要删除的类，右击，选择"Edit"→"Delete"，将类从当前类图中删除。如果再用，只需要将类从左侧浏览器中拖曳过来即可；如果再也不用了，可以右击，选择"Edit"→"Delete From Model"，从模型中彻底删除。

4）添加属性

选中类，右击，选择"Open Specification…"，打开属性编辑窗口，然后选择"Attributes"，在空白区域右击，选择"Insert"后，新生成一个属性记录。双击新生成的属性记录，打开属性编辑对话框，写入属性的名字和类型。如图 4.19~图 4.21 所示。

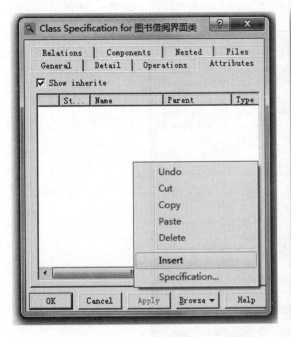
图 4.19 添加属性

图 4.20 编辑属性名

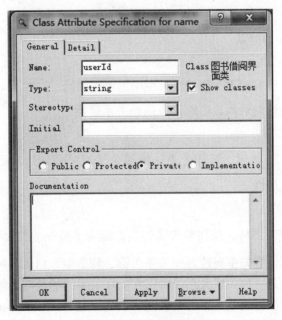
图 4.21 编辑属性类型

5) 添加操作

和添加属性操作的方法类似,选中类,右击,选择 "Open Specification…",打开属性编辑窗口,然后选择 "Operations",在空白区域右击,选择 "Insert" 后,新生成一个操作记录。双击新生成的操作记录,打开属性编辑对话框,写入操作的名字和返回类型。选择

"Detail",在"Arguments"列表区,右击,选择"Insert",添加参数,如图 4.22 所示。

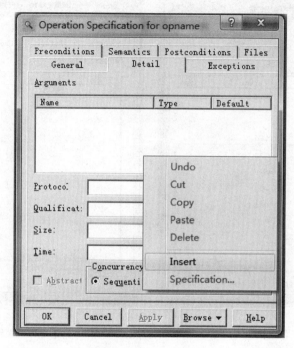

图 4.22 添加参数

2. 创建类和类之间的关系

1) 创建依赖关系

例如,ClassA 依赖于 ClassB。选择工具栏中的 图标,按住 ClassA,拖动至 ClassB 松手。双击虚线,弹出属性对话框,可以设置依赖关系属性。

2) 创建泛化关系

选择工具栏中的 图标,按住子类,拖动至父类松手。双击泛化关系线,弹出属性对话框,可以设置关系属性。

3) 创建关联关系

选择工具栏中的 图标,按住要关联的类,拖动至另一个类松手。双击关联关系线,弹出属性对话框,可以设置关系属性,如关系名称、构造型、角色、可访问型等。

聚合和组合关系也是一种关联关系,可以在关联关系线的基础上继续构造具体和组合关系。在需要加菱形的图标的线端,单击关联线,右击,选择"Aggregate",线端出现空心菱形块。如果要设置为组合关系,选中箭头线端,右击,选择"Containment of NewClass2"→"by Value"。当然,也可以通过双击关联线,设置"Role A Detail"和"Role B Detail"选项卡,进行属性设置。

4) 创建实现关系

选择工具栏中的 图标,创建方法同泛化关系。

5）删除关系线

选中关系线，右击，选择"Edit"→"Delete"，将关系线从当前的类图中删除，右击，选择"Edit"→"Delete From Model"，从模型中彻底删除。

由于 Rational Rose 2007 不直接支持对象图的创建，但是可以利用协作图来创建。具体创建方法将在协作图中详细说明。

4.4 项目实施

4.4.1 任务1——画类图

1. 识别类

为了识别分析类，UML 扩展出三种不同的分析类：实体类、控制类和边界类。实体类是用于对必须存储的信息和相关行为建模的类。实体对象（实体类的实例）用于保存和更新一些对象的有关信息，例如，图书信息、借阅证信息、管理员信息等。控制类用于对一个或几个用例所特有的控制行为进行建模，它描述的是用例的业务逻辑的实现。控制类的设计与用例实现有着很大的关系。边界类是系统内部与系统外部的业务主角之间进行交互建模的类。它或者是系统为业务主角操作提供的一个 GUI，或者系统与其他的系统之间进行交互的接口，所以，当外部的 GUI 变化时，或者是通信协议有变化时，只需要修改边界类就可以了，不用再去修改控制类和实体类。UML 中这三种类的符号如图 4.23 所示。

图 4.23　识别类的版型

结合图书借出功能，可以分析出图书借出功能的边界类、控制类和实体类。图书借阅界面类处理界面交互，是边界类；图书借阅业务类处理借阅时的逻辑判断，如校验借阅证号、校验图书是否过期，是控制类；校验借阅证号时，会查询借阅证信息，应该有借阅证信息访问类，校验图书是否过期，应该有借阅信息访问类，借阅成功后，会增加一条借阅记录，该功能也可以在借阅信息访问类中实现，以上为实体类。

至此，分析出以下几个类，如图 4.24 所示。

图 4.24　图书借阅系统借阅功能识别类

2. 描述属性和方法

每个类有自己的职责，即为系统提供一定的服务，在类中体现为类的方法。为了完成自己的职责，还需要一些静态的属性，在类中体现为类的属性。通过分析需求，找到类的方法和属性。

1）图书借阅界面类

从界面功能来看，借阅管理员录入借阅证号，系统进行了校验借阅证号操作；校验通过后，录入图书条码，进行图书借阅。这个过程中，系统提供了两个服务：一个是校验，一个是图书借阅。可以设计出两个类的方法：verify( ) 和 Borrow( )。

校验部分，无论是校验借书证号还是校验超期图书，都是通过借阅证号来校验的，应该将借阅证号作为 verify( )方法的参数。返回值设定为布尔型，"true" 代表校验成功，"false" 代表校验失败。

借书部分，录入图书条码，同时应该记录是谁借了这本书，所以，Borrow( )方法应该有图书条码和借阅证编号两个参数。返回值仍然设定为布尔型，"true" 代表借阅成功，"false" 代表借阅失败。

为方便起见，可以将借阅证号和图书条码设计为属性 "userId" 和 "bookId"。综上所述，可以绘制出如图 4.25 所示的图书借阅界面类的类图。

图 4.25　图书借阅界面类的类图

2）图书借阅业务类

图书借阅业务类重点实现业务逻辑的贯穿。图书借阅业务类接收图书借阅界面类传递过来的信息，进行业务处理。业务处理流程是先校验，后借出。校验部分，要做两个校验：一个是借阅证号的校验，一个是图书超期校验；借出部分，实现借书操作。

再结合图书借阅界面类中方法传递过来的参数，可以绘制出如图 4.26 所示的图书借阅界面类的类图。

3）图书借阅信息访问类

图书借阅信息访问类实现具体的图书借阅信息的数据库访问操作。该类接收图书借阅业务类传递过来的信息，访问数据库数据进行校验的数据查询和生成借阅记录。校验部分，查询图书超期记录；借书部分，插入借书记录。

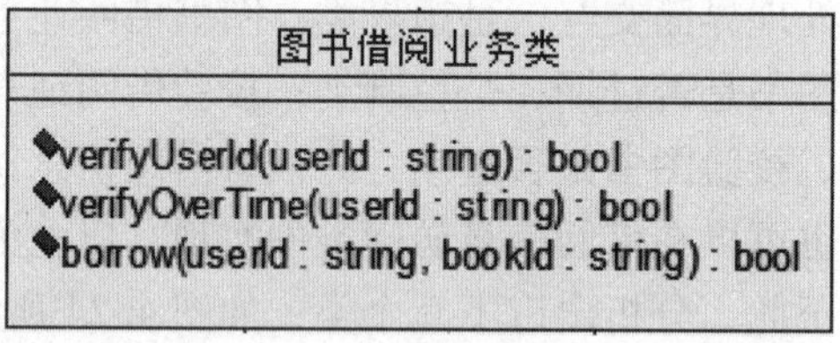

图 4.26　图书借阅业务逻辑类的类图

综上所述，可以绘制出如图 4.27 所示的图书借阅信息访问类的类图。

图 4.27　图书借阅信息访问类的类图

4）借阅证信息访问类

借阅证信息访问类实现借阅者信息的数据库访问操作。该类接收图书借阅业务类传递过来的借阅证号信息，查询是否存在该借阅者信息。

综上所述，可以绘制出如图 4.28 的借阅证信息访问类的类图。

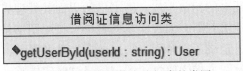

图 4.28　借阅证信息访问类的类图

4.4.2　任务2——确定类之间的关系

目前设计了四个类，在功能实现的过程中，这四个类这样协调工作，提供借书服务：图书借阅管理员操作页面，调用图书借阅界面类；图书借阅界面类调用图书借阅业务类进行业务操作，图书借阅业务类调用图书借阅信息访问类和借阅证信息访问类进行数据的访问。一个类调用另一个类中的方法，它们存在依赖关系。创建类之间关系图，如图 4.29 所示。

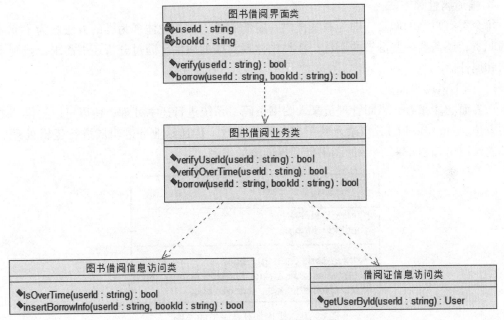

图 4.29　图书借阅功能类关联图

4.5　同步训练

4.5.1　课堂实战

课堂上练习还书功能的类图。

1. 识别类

还书时，只需将图书交给图书借阅员。输入条码验证是否为本库藏书，是否超期。验证通过，完成还书。如有图书损坏、丢失或超期情况，将进行相应的罚款。

结合还书功能，可以分析出，还书功能操作的主要实体还是图书借阅信息，所以可以继续完善图书借阅类，添加还书的相关方法。图书借阅界面类处理界面交互，是边界类；图书借阅业务类处理还书时的逻辑判断，如校验本库藏书、校验图书是否过期，是控制类；还书成功后，会更新借阅记录，记录还书时间，如果超期，涉及罚款，可以在还书记录中，记录罚款类型及罚款金额，涉及图书借阅信息、图书信息这些实体类。

至此，分析出以下几个类，如图 4.30 所示。

图书借阅界面类　　图书借阅业务类　　图书信息访问类　　图示借阅信息访问类
(from BorrowView)　(from BorrowManage)　(from BorrowDAO)　(from BorrowDAO)

图 4.30　图书借阅系统还书功能识别类

2. 描述属性和方法

每个类有自己的职责，即为系统提供一定的服务，在类中体现为类的方法。为了完成自己的职责，还需要一些静态的属性，在类中体现为类的属性。通过分析还书需求，找到类的方法和属性。

1）图书借阅界面类

从界面功能来看，借阅管理员录入图书条码，系统进行还书处理，所以可以提供一个还书的方法：returnBook()，以录入的图书条码为参数，传递给业务逻辑层进行逻辑处理。可以补充绘制出如图 4.31 所示的图书借阅界面类的类图。

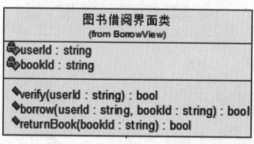

图 4.31　图书借阅界面类的类图

2）图书借阅业务类

图书借阅业务类重点实现业务逻辑的贯穿。图书借阅业务类接收图书借阅界面类传递过来的信息，进行业务处理。业务处理流程是先校验，后借出。校验部分，要做两个校验：一个是本库藏书的校验，verifyBookId()方法；一个是图书超期校验，verifyOverTime()方法。

还书部分，录入图书条码，进行图书归还，还书日期可以从系统时间获得。所以，returnBook() 方法的参数为图书条码。返回值仍然设定为布尔型，"true"代表还书成功，"false"代表还书失败。可以补充绘制出如图 4.32 所示的图书借阅业务类的类图。

图 4.32 还书业务逻辑类的类图

3）图书信息访问类

图书信息访问类实现图书信息的数据库访问操作。该类接收图书借阅业务类传递过来的图书信息，查询本库是否存在该图书 getBookById( )。

综上所述，可以绘制出如图 4.33 所示的图书信息访问类的类图。

图 4.33 图书信息访问类的类图

4）图书借阅信息访问类

图书借阅信息访问类实现具体的图书借还信息的数据库访问操作。该类接收图书借阅业务类传递过来的信息，访问数据库数据，记录还书时间 addReturnTime( )。

综上所述，可以绘制出如图 4.34 所示的图书借阅信息访问类的类图。

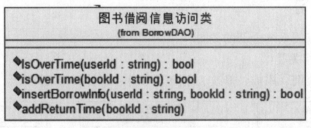

图 4.34 图书借阅信息访问类的类图

3. 确定类之间的关系

目前设计了四个类，在功能实现的过程中，这四个类这样协调工作，为我们提供还书服务：图书借阅管理员操作页面，调用图书借阅界面类；图书借阅界面类调用图书借阅业务类进行业务操作，图书借阅业务类调用图书借阅信息访问类和图书信息访问类进行数据的访问。一个类调用另一个类中的方法，它们存在依赖关系。创建类之间的关系图，如图 4.35 所示。

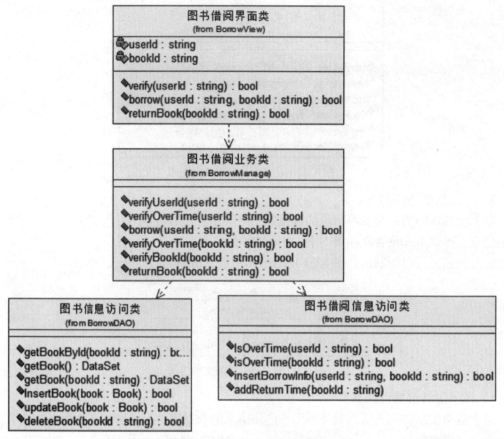

图 4.35　图书还书功能类关联图

4.5.2　课后练习

课后完成图书借阅系统全部的类图。

1. 借阅证管理相关类

涉及借阅证的查询、添加、修改、删除等功能，如图 4.36 所示。

图 4.36　借阅证管理类关联图

2. 图书管理相关类

涉及图书的查询、添加、修改、删除等功能，如图 4.37 所示。

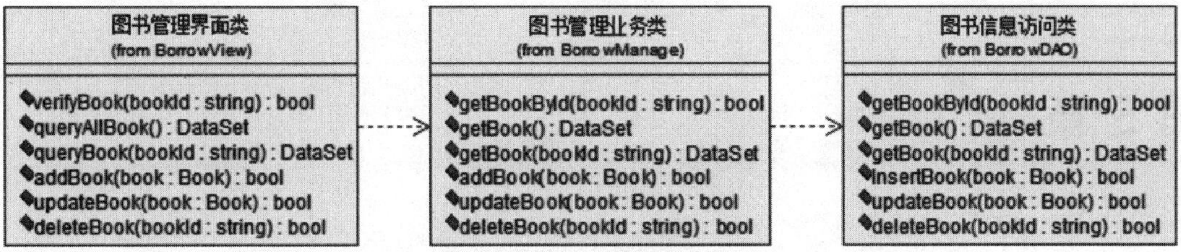

图 4.37　图书管理类关联图

4.6　单元习题

1. 填空题

（1）类之间的关系包括_____、_____、_____和_____。
（2）UML 中有三种分析类，分别是_____、_____和_____。
（3）类中方法的可见性有_____、_____和_____。

2. 简答题

（1）简述类图的组成元素。
（2）简述类图和对象的关系。
（3）简述在 Rational Rose 中绘制类图的基本步骤和方法。

第 5 章

序 列 图

5.1 项目背景

前面几节讲的用例图、类图、对象图都是 UML 静态模型。所谓静态模型，是指对系统对象之间的关系构建模型，而这些关系不随时间发生变化。而系统功能是由对象之间相互交互而实现的。接下来就学习 UML 的动态模型。动态模型描述了系统随时间变化的行为，这些行为是用从静态视图中抽取的系统的瞬间值的变化来描述的。在 UML 的表现上，动态模型主要是建立系统的序列图、协作图、活动图和状态图。本章重点学习序列图。

序列图用来显示对象之间的关系，并强调对象之间消息的时间顺序，同时显示对象之间的交互。

5.2 项目任务

1. 任务描述

绘制图书借阅系统的借出功能的序列图。

图书借出部分功能如下：

借出图书时，借阅者将图书和借阅证交给图书借阅员，办理借阅手续。图书借阅员首先输入借阅者的借阅证号，系统验证借阅证是否有效，验证是否有超期图书。通过验证后，方可完成借书操作。

2. 验收标准

①掌握序列图的定义、用途和组成元素。

②学会使用 Rational Rose 中的图标，绘制序列图。

5.3 预备知识

5.3.1 序列图定义

序列图（Sequence Diagram）是对象之间基于时间顺序的动态交互，它显示出了随着时间的变化对象之间是如何进行通信的。

在 UML 的表示中,序列图将交互关系表示为一个二维图。纵向是时间轴,时间沿竖线向下延伸。横向代表了在协作中各独立对象的角色。老师查询学生信息的序列图示例如图 5.1 所示。

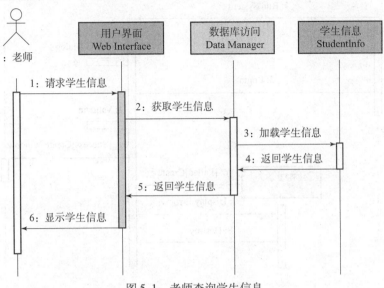

图 5.1　老师查询学生信息

5.3.2　序列图作用

序列图作为一种描述在给定语境中消息是如何在对象间传递的图形化方式,在使用其进行建模时,主要可以将其用途分为以下三个方面:

①确认和丰富一个使用语境的逻辑表达。
②细化用例的表达。
③有效地描述如何分配各个类的职责及各类具有相应职责的原因。

5.3.3　序列图的组成

1. 对象

对象(Object)代表序列图中的对象在交互中所扮演的角色。序列图中对象的符号和对象图中对象所用的符号一样,都是使用矩形将对象名称包含起来,并且对象名称下有下划线。对象的命名方式如图 5.2 所示。

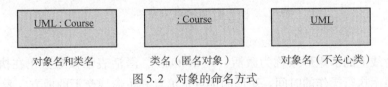

图 5.2　对象的命名方式

如果对象位于序列图的顶部,说明在交互开始之前,该对象已经存在了,如图 5.3 所示的"Librarian""LoginDialog""MainWindow"对象。如果对象在交互的过程中创建,那么它应当位于图的中间部分,如图 5.3 所示的"MessageBox"对象。如果要撤销一个对象,只要在生命线终止点放置一个"×"符号即可,如图 5.3 所示。

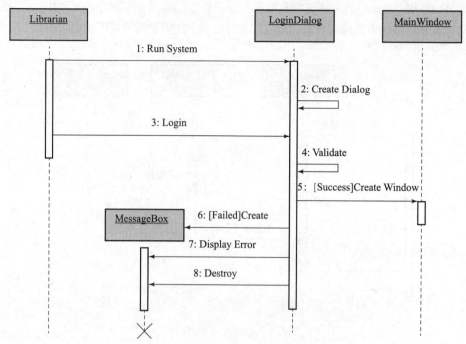

图 5.3　对象在序列图中的位置说明

2. 生命线

每个对象都有自己的生命线（Lifeline），生命线在序列图中表示为从对象图标向下延伸的一条虚线，表示对象在特定时间内存在。如果要撤销一个对象，只要在其生命线终止点放置一个"×"符号即可，如图 5.4 所示。

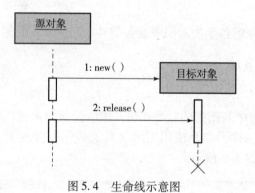

图 5.4　生命线示意图

3. 激活

对象生命线上的窄矩形条称为激活（Activation），激活表示该对象正在执行某个操作，激活的长短表示执行操作的时间。矩形的顶点是消息和生命线交汇的地方，表示对象从此开始获得控制权，而矩形底部表示该次交互已经结束，或者对象控制权已经交出。激活在序列图中不能单独存在，必须与生命线连在一起使用，当一条消息传给对象的时候，该消息将触发该对象的某个行为，此时该对象就被激活了，如图 5.5 所示。

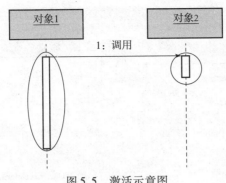

图 5.5 激活示意图

4. 消息

方法调用在序列图里面用消息（Message）来表示，用于对实体间的通信内容建模。消息用于在实体间传递信息，允许实体请求其他的服务，类角色通过发送和接收消息进行通信。消息由三部分组成，分别是发送者、接收者和活动。所谓发送者，是发出消息的类元角色。接收者是接收到消息的类元角色，接收消息的一方也被认为是事件的实例。活动为调用、信号、发送者的局部操作或原始活动，如创建或销毁等。

它可以激发某个操作、唤起信号或导致目标对象的创建或撤销。消息序列可以用两种 UML 图来表示：序列图和协作图。其中序列图强调消息的时间顺序，而协作图强调交换消息的对象间的关系。

在 UML 中，消息使用箭头来表示，箭头的类型表示了消息的类型，如图 5.6 所示。

1）递归调用

对象自身的消息。调用自己的方法。

2）操作

两个对象之间的普通消息，消息在单个控制线程中运行。

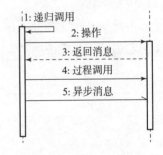

3）返回消息

显示过程调用返回的消息。

4）过程调用

两个对象之间的过程调用。

图 5.6 消息的类型

5）异步消息

两个对象之间的异步消息，也就是说，客户发出消息后，不管消息是否被接收，都继续别的作业。

5.3.4 Rational Rose 基本操作

1. 创建序列图

在 Use Case View 文件夹上，单击鼠标右键，在弹出菜单中选择"New"→"Sequence Diagram"即可，如图 5.7 所示。

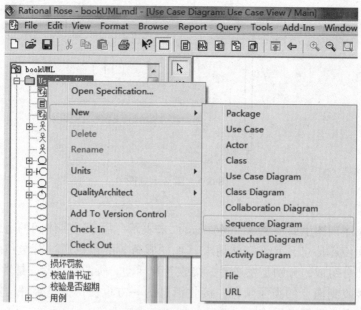

图 5.7 新建序列图

创建序列图后,"Use Case Diagram"树形结构下生成一个名称为"NewDiagram"的序列图文件,可以直接修改新建的序列图名称为"LibrarySeq"。也可以选中,右击,在弹出菜单中选择"Rename"进行重命名,如图 5.8 所示。

双击序列图"LibrarySeq",打开序列图编辑区。编辑区左侧的工具栏说明见表 5.1。

图 5.8 重命名示意图

表 5.1 序列图工具图标说明

图标	名称	用途
▶	Selection Tool	选择工具
ABC	Text Box	创建文本框
🗒	Note	创建注释
╱	Anchor Note to Item	将注释和类图元素相连
🗐	Object	序列图中的对象
→	Object Message	两个对象间的消息
↩	Message to Self	对象的自身消息
⇢	Return Message	返回消息
✕	Destruction Marker	销毁对象标记

2. 创建和删除序列图中的对象

下面两种方法可以创建序列图中的对象：

①在工具栏中选择 图标，在序列图中单击，创建一个新的对象，给对象命名。

②在浏览器中选中一个类，拖曳至序列图中，生成一个序列图中的对象。

删除对象可以选中对象，右击选择"Edit"→"Delete from Model"。

3. 生命线和激活

创建对象后，生命线就自动生成了。激活对象后，生命线的一部分虚线变成矩形框。在 Rational Rose 2007 中，是否将虚线变成矩形框是可选的，设置方法如下：

在菜单栏中选择"Tools"下的"Options"选项。在弹出对话框中选择"Diagram"选项卡，选择或者取消选择"Focus of control"，如图 5.9 所示。

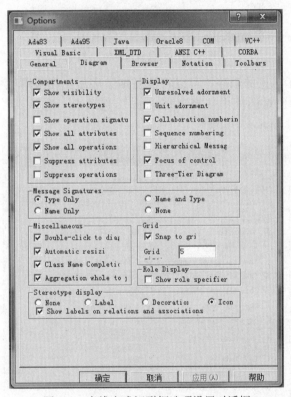

图 5.9 虚线变成矩形框选项设置对话框

4. 创建消息

创建消息，只需要在调用类和被调用类之间拖曳消息线即可，生成消息线的两端会自动绘制"激活"。拖曳后在线上右击，可以在弹出的菜单中选取被调用类中的方法作为消息的名称。如果事先没有在类中设计相关方法，也可以通过选择"new operation"直接写入消息名。还可以双击消息线，弹出设置消息规范的对话框，通过设置"General"选项卡中的"Name"属性去修改消息的名称。可以在"Detail"选项卡中设置消息的类型，如图 5.10 所示。

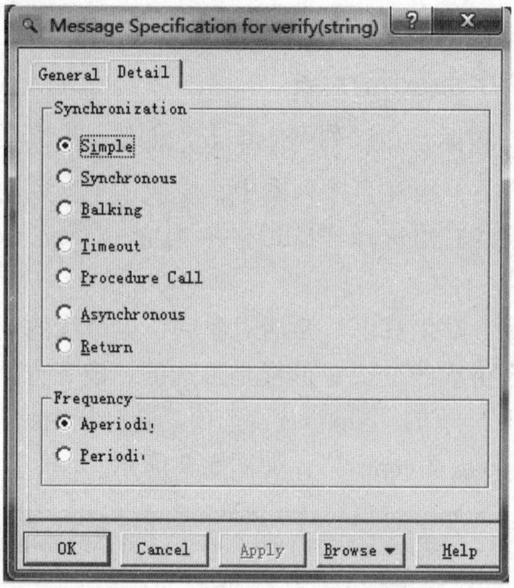

图 5.10 消息规范的对话框

为了更清晰地显示消息的顺序,可以将消息加上序号:在菜单栏中选择"Tools"下的"Options"选项。在弹出对话框中选择"Diagram"选项卡,选择或者取消选择"Sequence numbering",如图 5.11 所示。

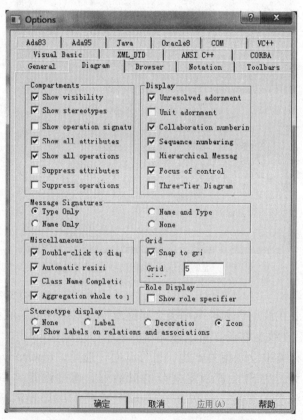

图 5.11 显示消息的序号设置对话框

5.4 项目实施

5.4.1 任务1——确定对象

把图书借阅功能涉及的类图从 Rational Rose 左侧浏览器中拖曳到序列图中,自动生成类图对应的对象图。调用顺序一般从左至右,所以通常从左至右的排列顺序为参与者、边界类、控制类、实体类等,如图 5.12 所示。

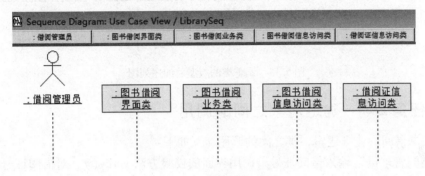

图 5.12 图书借阅序列图

可以变换类的版型,这样让开发者更容易看出每个类属于哪种类型。在浏览器的类图上右击,选择"Open Specification…",如图 5.13 所示。

在弹出的规范对话框中,单击"Stereotype"下拉框,选择"boundary",设置"图书借阅界面类"的版型为"边界类",如图 5.14 所示。

图 5.13 打开类的规范对话框

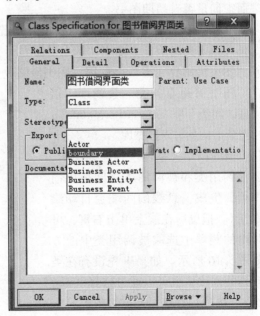

图 5.14 设置"图书借阅界面类"的版型为"边界类"

用同样的方法，设置"图书借阅业务类"的版型为"Control"控制类；设置"图书借阅信息访问类"和"借阅证信息访问类"的版型为"Entity"实体类。序列图表示如图5.15所示。

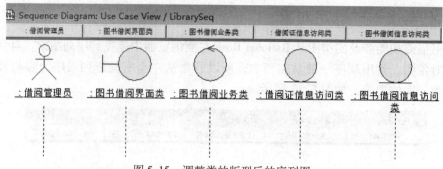

图5.15　调整类的版型后的序列图

5.4.2　任务2——确定对象之间的调用

实现图书借阅的业务逻辑，类之间的调用交互如下：

① "借阅管理员"输入借阅证号，调用界面的校验方法 verify( )，对借阅证号及该借阅者是否有超期图书进行校验。

② "图书借阅界面类"会调用"图书借阅业务类"中的校验借阅证号方法 verifyUserId( ) 和是否有超期图书的方法 verifyOverTime( ) 进行校验。

③ "图书借阅业务类"会调用"借阅证信息访问类"中的方法 getUserById( ) 访问数据库，进而查询借阅证是否有效；调用图书借阅信息访问类中方法 IsOverTime( ) 访问数据库，进而查询是否有超期图书。

④ 通过校验后，"借阅管理员"会收到提示校验通过。然后录入图书条码，进行借阅操作。

⑤ 录入图书条码后，会调用"图书借阅界面类"中的借书方法 borrow( )。

⑥ "图书借阅界面类"会调用"图书借阅业务类"中的借书方法 borrow( ) 进行借书。

⑦ "图书借阅业务类"会调用"借阅证信息访问类"中的 insertBorrowInfo( ) 方法，将借书信息写入数据库。

将上面的调用关系体现到序列图中，只需要在调用类和被调用类之间拖曳消息线即可，生成消息线的两端会自动绘制"激活"。拖曳后在线上单击右键，可以在弹出的菜单中选取被调用类中的方法，如图5.16所示。如果事先没有在类中设计相关方法，也可以通过选择"new operation"选项，直接写入方法内容。

接下来按照时间顺序将调用次序在序列图中展现出来，如图5.17所示。

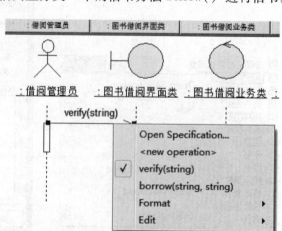

图5.16　选择类中的方法进行调用

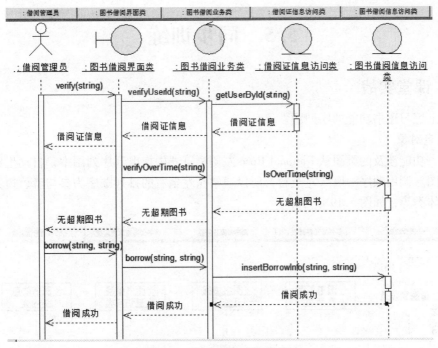

图 5.17 图书借阅功能序列图

为了更清晰地显示消息的顺序,可以将消息加上序号:在菜单栏中选择"Tools"下的"Options"选项,在弹出对话框中选择"Diagram"选项卡,选择"Sequence numbering"。加上序号的序列图如图 5.18 所示。

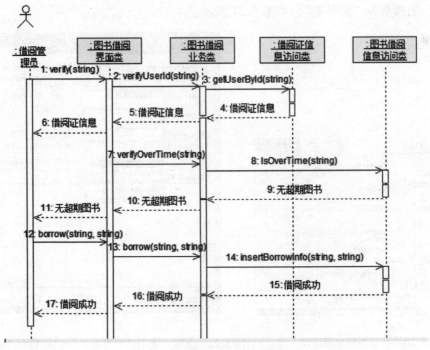

图 5.18 显示消息序号的序列图

5.5 同步训练

5.5.1 课堂实战

课堂上练习还书功能的序列图。

1. 确定对象

把还书功能涉及的类图从 Rational Rose 左侧浏览器中拖曳到序列图中，自动生成类图对应的对象图。调用顺序一般从左至右，所以通常从左至右的排列顺序为参与者、边界类、控制类、实体类等，如图 5.19 所示。

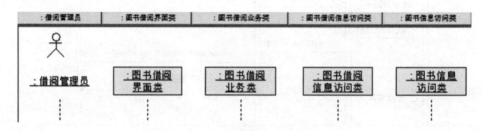

图 5.19 还书对象图

可以变换类的版型，让开发者更容易看出类的类型。在浏览器的类图上右击，选择"Open Specification…"，如图 5.20 所示。

在弹出的规范对话框中，单击"Stereotype"下拉框，选择"boundary"，设置"图书借阅界面类"的版型为"边界类"，如图 5.21 所示。

图 5.20 打开类的规范说明

图 5.21 设置"图书借阅界面类"的版型为"边界类"

用同样的方法设置"图书借阅业务类"的版型为"Control"控制类;设置"图书借阅信息访问类"和"图书信息访问类"的版型为"Entity"实体类。序列图表示如图 5.22 所示。

图 5.22　调整版型后的还书对象图

2. 确定对象之间的调用

实现图书借阅的业务逻辑,类之间的调用交互如下:

①"借阅管理员"输入借阅证号,调用界面的 returnBook(),进行还书操作。

②"图书借阅界面类"会调用"图书借阅业务类"中的校验本库藏书的方法 verifyBookId() 和是否有超期图书的方法 verifyOverTime() 进行校验。

③"图书借阅业务类"会调用"图书信息访问类"中的方法 getBookById() 访问数据库,进而查询是否为本库藏书;调用图书借阅信息访问类中的方法 IsOverTime() 访问数据库,进而查询是否有超期图书。

④通过校验后,会调用还书方法 returnBook(),将还书时间写入借阅信息表。

将上面的调用关系体现到序列图中,只需要在调用类和被调用类之间拖曳消息线即可,生成消息线的两端会自动绘制"激活"。拖曳后在线上单击右键,可以在弹出的菜单中选取被调用类中的方法,如图 5.23 所示。

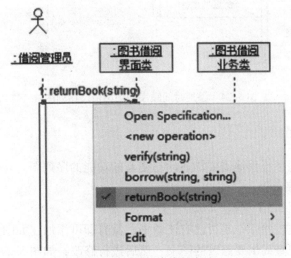

图 5.23　调用类中的方法

接下来按照时间顺序将调用次序在序列图中展现出来,如图 5.24 所示。

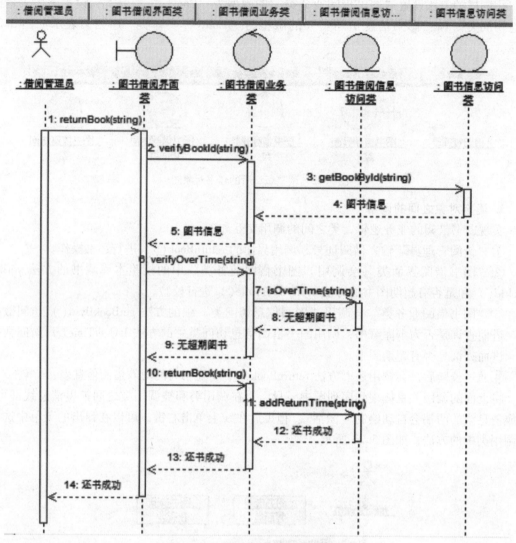

图 5.24 添加时间顺序的图书借阅序列图

5.5.2 课后练习

课后完成图书借阅系统其他需要描述动态交互的功能的序列图。

1. 图书管理功能序列图

①查询图书，如图 5.25 所示。
②添加图书时，先校验库中是否已有该图书，没有即可添加，如图 5.26 所示。
③修改图书时，先查询出要修改的图书，然后进行修改，如图 5.27 所示。
④删除图书时，先查询出要删除的图书，然后进行删除，如图 5.28 所示。

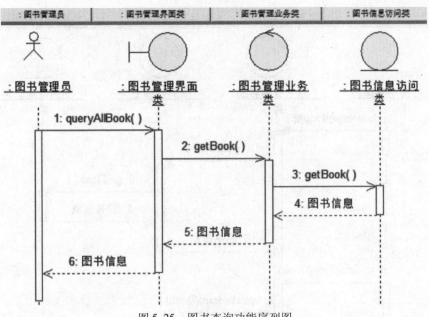

图 5.25　图书查询功能序列图

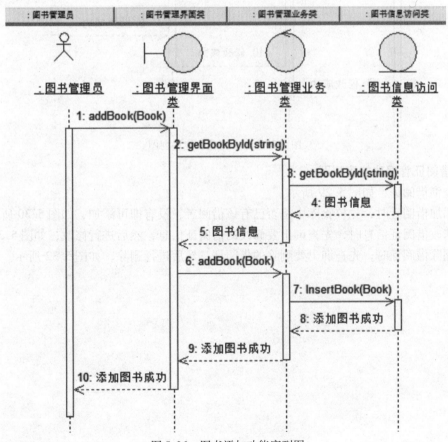

图 5.26　图书添加功能序列图

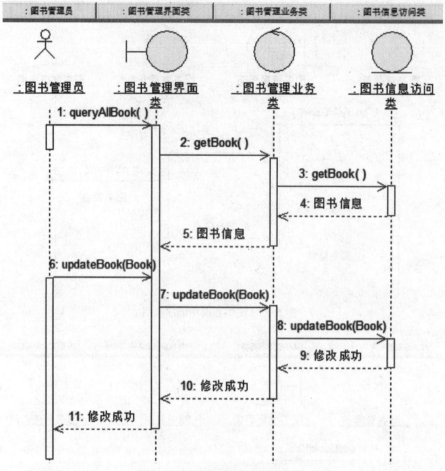

图 5.27　图书修改功能序列图

2. 借阅证管理功能序列图

①查询借阅证，如图 5.29 所示。
②添加借阅者时，先校验库中是否已有该借阅者，没有即可添加，如图 5.30 所示。
③修改借阅证信息时，先查询出要修改的借阅证信息，然后进行修改，如图 5.31 所示。
④删除借阅证时，先查询出要删除的借阅证，然后进行删除，如图 5.32 所示。

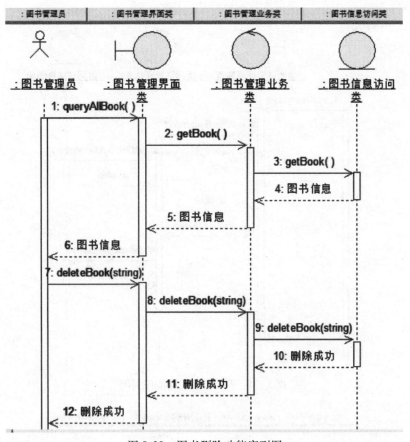

图 5.28 图书删除功能序列图

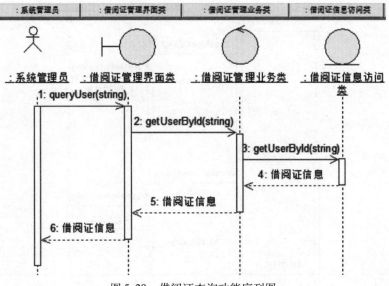

图 5.29 借阅证查询功能序列图

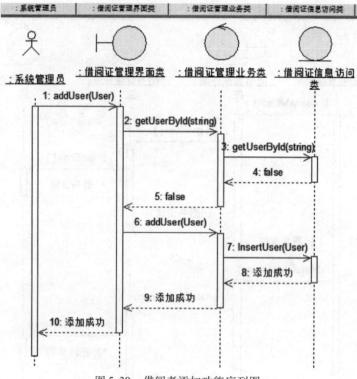

图 5.30 借阅者添加功能序列图

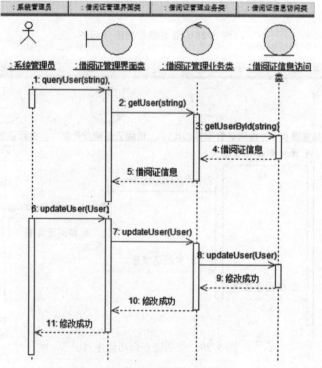

图 5.31 借阅证修改功能序列图

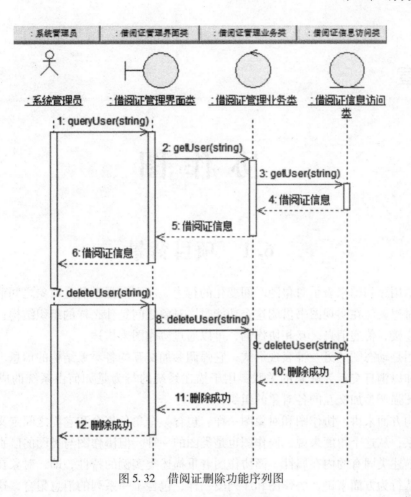

图 5.32 借阅证删除功能序列图

5.6 单元习题

1. 填空题

（1）UML 图中，用于描述交互的图有＿＿＿＿和＿＿＿＿。

（2）序列图将交互关系表示为一个二维图，其中横轴代表＿＿＿＿，纵向代表＿＿＿＿。

（3）消息的组成包括＿＿＿＿、＿＿＿＿和＿＿＿＿。

2. 简答题

（1）序列图的组成元素有哪些？

（2）序列图中消息有哪些形式？

（3）简述序列图中销毁对象的方法。

（4）简述序列图的作用。

（5）简述在 Rational Rose 中绘制序列图的基本步骤和方法。

第 6 章

协 作 图

6.1 项目背景

上一章用序列图来表示对象随时间变化的行为。序列图强调的是对象之间消息的时间顺序，但有时想关注在实现图书借阅这个功能时，对象之间是什么样的组织结构；对象之间是如何彼此连接，传递消息，互相协作的，可以通过协作图来描述。

协作图是动态图的另一种表现形式，它强调参加交互的各对象结构的信息。协作图包含一组对象和以消息交互为联系的关联，用于描述系统的行为是如何由系统的成分合作实现的。协作图强调参加交互的各对象的组织。

从结构方面来讲，协作图和对象图一样，包含一个角色集合和它们之间定义行为方面的内容的关系，从这个角度来说，协作图也是类图的一种。但协作图与类图的区别在于，静态视图着重描述类固有的内在属性，而协作图着重描述类实例的特性，即，对象在协作中起到的作用。从行为方面来讲，协作图和序列图一样，包含了一系列的消息集合，这些消息在具有某一角色的各对象之间进行传递交换，完成协作的目标。可以说，在协作图的一个协作中描述了该协作所有对象组成的网络结构及相互发送消息的整体行为。

6.2 项目任务

1. 任务描述

绘制图书借阅系统的借出功能的协作图。

图书借出部分功能如下：

借出图书时，借阅者将图书和借阅证交给图书借阅员，办理借阅手续。图书借阅员首先输入借阅者的借阅证号，系统验证借阅证是否有效，验证是否有超期图书。通过验证后，方可完成借书操作。

2. 验收标准

①掌握协作图的作用和组成元素。

②学会使用 Rational Rose 中的图标绘制协作图。

③掌握序列图和协作图的异同，会将序列图和协作图相互转化。

6.3 预备知识

6.3.1 协作图的含义

协作图（Collaboration Diagram）又称作通信图，是一种交互图。它强调的是发送和接收消息的对象之间的组织结构。一个协作图显示了一系列的对象和在这些对象之间的联系，以及对象间发送和接收的消息。对象通常是命名或匿名的类的实例，也可以代表其他事物的实例，例如协作、组件和节点。使用协作图来说明系统的动态情况。协作图使描述复杂的程序逻辑或多个平行事务变得容易。

图形上，协作图的对象用矩形表示，矩形内是此对象的名字，连接用对象间相连的直线表示，连线可以有名字，它标注于表示连接的直线上。如果对象间的连接有消息传递，则把消息的图标沿直线方向绘制，消息的箭头指向接收消息的对象。由于从图形上绘制的协作图无法表达对象间消息发送的顺序，因此需要在消息上保留对应序列图的消息顺序号，如图6.1所示。

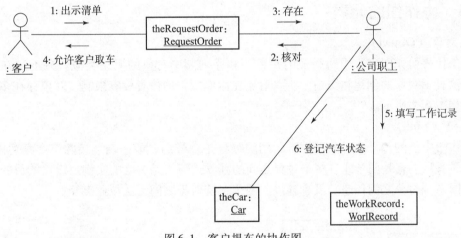

图 6.1　客户提车的协作图

6.3.2 协作图的作用

1. 协作图的作用

① 协作图用于显示对象之间如何进行交互，以实现特定用例或用例中特定部分的行为。设计员使用协作图和序列图确定并阐明对象的角色，这些对象执行用例的特定事件流。这些图提供的信息主要用来确定类的职责和接口。

② 使用协作图可以显示在交互过程中各个对象之间的组织交互关系及对象彼此之间的连接。如果需要强调时间和序列，最好选择序列图建模；如果需要强调上下文相关，最好选择协作图建模。

③ 协作图可以表现类操作是如何实现的。协作图可以说明类操作中使用到的参数、属性及返回值等。

2. 协作图与序列图的异同

序列图和协作图有很多相似之处，也存在不同，现将二者的异同总结如下：

①序列图和协作图都属于交互图，都用于描述系统中对象之间的动态关系。两者可以相互转换，但两者强调的重点不同。序列图强调的是消息的时间顺序，而协作图强调的是参与交互的对象的组织。

②两个图中所使用的建模元素也各有特点。序列图中有对象生命线和激活，协作图中没有；协作图中有路径，并且协作图中的消息必须要有消息顺序号，但序列图中没有路径，也可以没有消息顺序号。

③和协作图相比，序列图在表示算法、对象的生命期、具有多线程特征的对象等方面相对来说更容易一些，但在表示并发控制流方面会困难一些。

④序列图和协作图在语义上是等价的，两者之间可以相互转换，但两者并不能完全相互代替。序列图可以表示某些协作图无法表示的信息，同样，协作图也可以表示某些序列图无法表示的信息。例如，在序列图中不能表示对象与对象之间的链，对于多对象和主动对象，也不能直接显示出来，在协作图中则可以表示；协作图不能表示生命线的分叉，在序列图中则可以表示。

6.3.3 协作图的元素

1. 对象（Object）

对象代表协作图交互中所扮演的角色，和序列图中对象的概念类似。只不过在协作图中，无法表示对象的创建和撤销，所以对象在协作图中的位置没有限制。对象存在多对象的形式，如图6.2所示。

2. 链（Link）

协作图中链的符号和对象图中链所用的符号是一样的，即一条连接两个类角色的实线，如图6.3所示。它是两个或者多个对象之间的独立连接，是关联的实例。链接的目的是让消息在不同系统对象之间传递。没有链接，两个系统对象之间无法彼此交互。

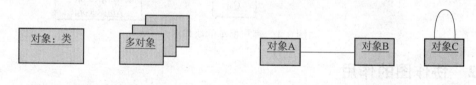

图6.2　协作图的对象示意图　　　　图6.3　协作图的链示意图

3. 消息（Message）

消息是协作图中对象与对象之间通信的方式。消息在协作图中显示为一个伴随链接或者关联角色的文本字符串，并带有一个箭头来指示消息沿着关系传递的方向，如图6.4所示。

6.3.4 Rational Rose 基本操作

1. 创建协作图

在 Use Case View 文件夹上，单击鼠标右键，在弹出菜单中选择"New"→"Collaboration Diagram"即可，如图6.5所示。

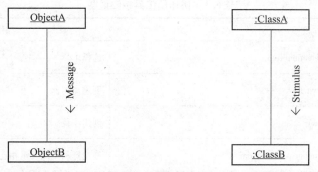

图 6.4　消息示意图

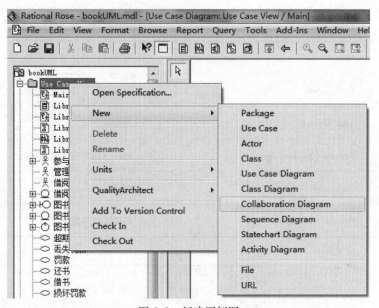

图 6.5　新建用例图

创建用例图后,"Use Case Diagram"树形结构下生成一个名称为"NewDiagram"的序列图文件,可以直接修改新建的序列图名称为"LibraryCol"。也可以选中,右击,在弹出菜单中选择"Rename"进行重命名,如图 6.6 所示。

创建协作图后,可以使用表 6.1 所示的工具按钮。

2. 创建和删除协作图中的对象

下面两种方法可以创建协作图中的对象:

①在工具栏中选择图标 ▣ ,在序列图中单击,创建一个新的对象,给对象命名。双击该对象的图标,弹出对象的规范设置对话框,可以设置对象的名称、类的名称、持久性和是否多对象等,如图 6.7 所示。

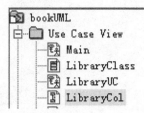

图 6.6　重命名示意图

②在浏览器中选中一个类,拖曳至协作图中,生成一个协作图中的对象。

删除对象可以选中对象,右击,选择"Edit"→"Delete from Model"即可。

表 6.1 协作图工具按钮说明

图标	名称	用途
 ↖	Selection Tool	选择工具
 ABC	Text Box	创建文本框
 🗒	Note	创建注释
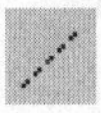 ╱	Anchor Note to Item	将注释和类图元素相连
▭	Object	序列图中的对象
▭	Class Instance	类的实例
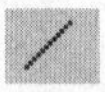 ╱	Object Link	对象之间的连接
 ⌒	Link to Self	对象自身连接
↗	Link Message	连接消息
 ↙	Reverse Link Message	相反方向的连接消息
 ↗	Data Token	数据流
 ↙	Reverse Data Token	相反方向的数据流

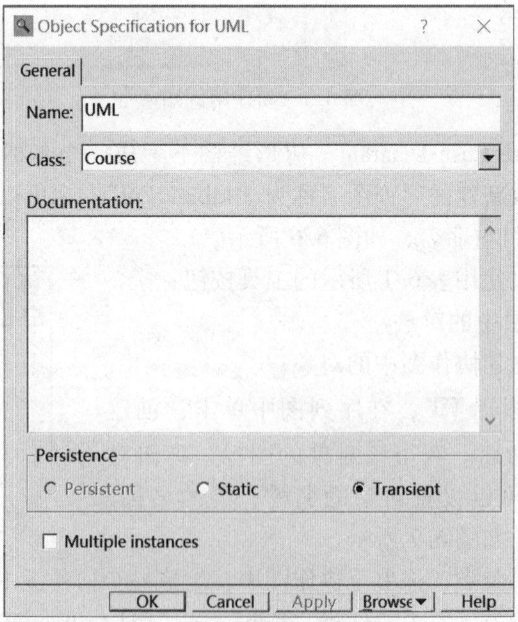

图 6.7 对象的规范设置对话框

3. 创建对象与对象之间的链

如果对象 A 调用对象 B 中的方法，那么选中工具栏中的 ／ 图标，按住对象 A，拖曳至对象 B 后松手。虽然链上没有箭头，但拖拽链的方向，决定了接下来绘制消息的正方向。所以，创建链的时候，一定要注意拖曳的方向。如图 6.8 所示。

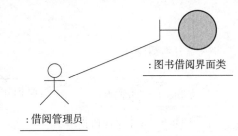

图 6.8　从借阅管理员拖拽至图书借阅界面类的链

4. 创建消息

选择工具栏中的图标 ／，在对象之间的链上单击，即创建了一个正方向消息。选择工具栏中的图标 ／，在对象之间的链上单击，即创建了一个反方向消息。创建链时，拖曳的起点到终点的方向即为正方向。

对于消息的内容，可以选中消息线，右击，选择已经创建好的方法；也可以双击消息线，在打开的消息规范对话框中编辑消息内容。

如果消息携带数据，可以选用图标 ／ 和图标 ／ 来传递数据。

5. 序列图和协作图直接的转换

序列图与协作图都表示对象之间的交互作用，只是它们的侧重点有所不同：
①序列图描述了交互过程中的时间顺序，但没有明确地表达对象之间的关系。
②协作图描述了对象之间的关系，但时间顺序必须从顺序号获得。

两种图的语义是等价的，可以从一种形式的图转换成另一种形式的图，而不丢失任何信息。

如果已经创建了序列图，只需要选择菜单中的"Browse"下的"Create Collaboration Diagram"选项，或者按 F5 键，即可创建一个与序列图同名的协作图；同样，如果已经创建了协作图，只需要选择菜单中的"Browse"下的"Create Sequence Diagram"选项，或按 F5 键，即可创建一个与协作图同名的序列图。

6.4　项目实施

6.4.1　任务 1——确定对象

把图书借阅功能涉及的类图从左侧浏览器中拖曳到协作图中，自动生成对象图。对象图的位置没有严格限制，但尽可能将关联密切的对象放到一起，避免之后画对象间的链时，对象链复杂交错。如图 6.9 所示。

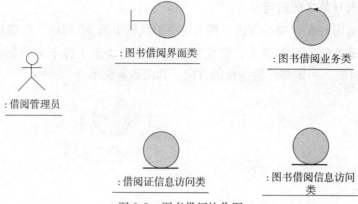

图 6.9　图书借阅协作图

6.4.2　任务 2——关联对象

实现图书借阅的业务逻辑、类之间的调用交互，在序列图一章已经说明，本章不再赘述。

将上面的调用关系体现到协作图中，先在有交互的对象间画上链，然后在链上加上对象之间的消息，注意消息的方向。对于消息的内容可以用鼠标选中消息，右击，在菜单中选择类中设计好的方法；也可以通过选择"new operation"，打开对话框，自定义消息，如图 6.10 所示。

接下来按照时间顺序将对象之间的通信在协作图中展现出来，如图 6.11 所示。

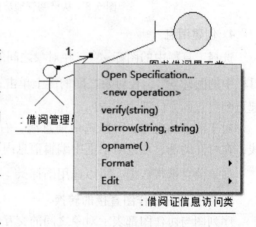

图 6.10　打开消息的规范对话框

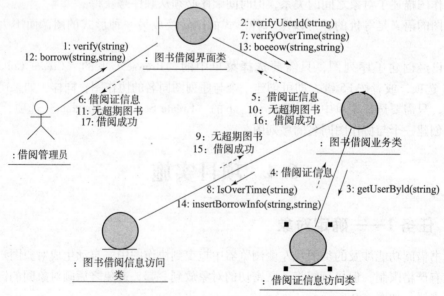

图 6.11　显示消息的顺序

6.5 同步训练

6.5.1 课堂实战

课堂上练习还书功能的协作图，如图 6.12 所示，体会序列图和协作图的转换。

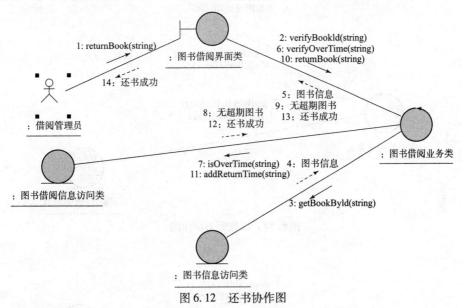

图 6.12　还书协作图

6.5.2 课后练习

课后完成图书借阅系统其他需要描述动态交互功能的协作图。

1. 图书管理功能协作图（图 6.13 ~ 图 6.16）

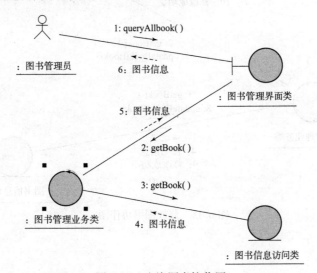

图 6.13　查询图书协作图

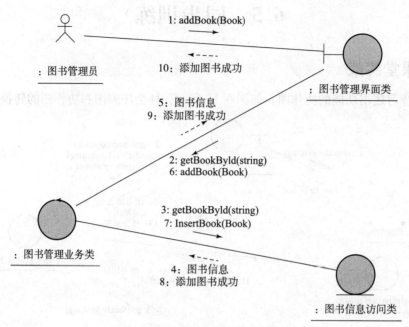

图 6.14 添加图书协作图

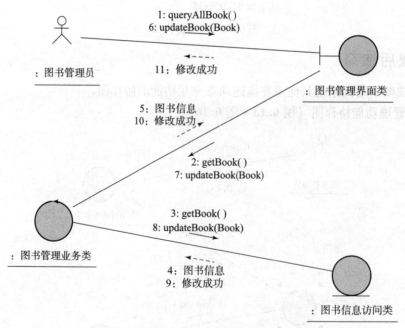

图 6.15 修改图书协作图

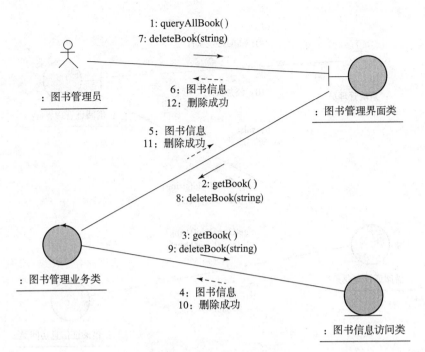

图 6.16　删除图书协作图

2. 借阅证管理功能协作图（图 6.17～图 6.20）

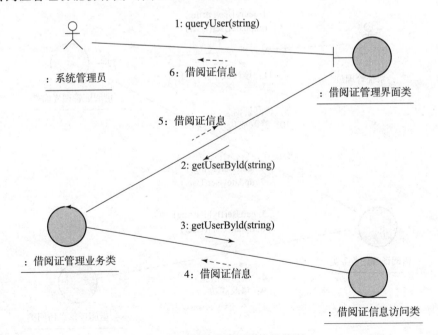

图 6.17　查询借阅证信息协作图

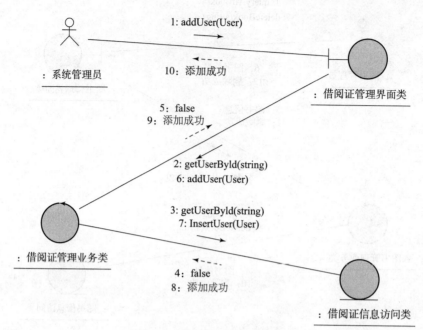

图 6.18　添加借阅证信息协作图

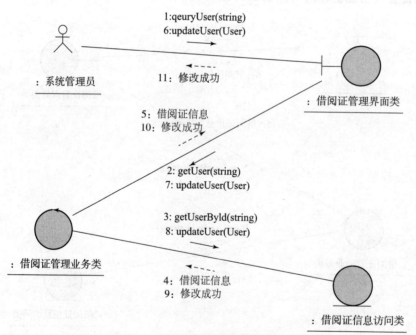

图 6.19　修改借阅证信息协作图

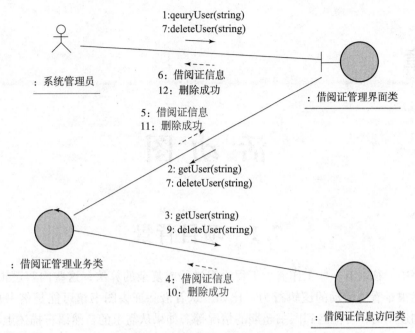

图 6.20　删除借阅证信息协作图

6.6　单元习题

1. 填空题

（1）在协作图中，类元角色描述了一个_____，关联角色描述了_____，并通过几何排列表现交互作用中的各个角色。

（2）协作图中的链是两个或多个对象之间的_____，是_____的实例。

（3）在协作图中，_____使用带有标签的箭头来表示，它附在连接发送者和接收者的链上。

2. 简答题

（1）协作图的组成元素有哪些？

（2）简述协作图的作用。

（3）简述在 Rational Rose 中绘制协作图的基本步骤和方法。用 F5 键进行序列图和协作图的转换。

第 7 章

活 动 图

7.1 项目背景

在程序中，往往有一些工作流、工程组织过程或复杂的算法，这些内容逻辑相对复杂，用语言描述很难看清活动的逻辑行为。比如，拿着借阅证去图书馆可能是借书也可能是还书，借书和还书时，可能遇到图书超期的情况等。如果从需求的自然语言描述上看，很难理清程序的逻辑。

UML 提供了活动图。活动图和交互图是 UML 中对系统动态建模的两种主要形式。交互图（序列图和协作图）强调的是对象到对象的控制流，而活动图则强调的是从活动到活动的控制流。它描述活动的顺序、判定点和分支等，展现从一个活动到另一个活动的控制流。活动图在本质上是一种流程图。它可以用来对业务过程、工作流建模，也可以对用例实现甚至是程序实现来建模。

7.2 项目任务

1. 任务描述

绘制图书借阅系统的借书和还书部分业务逻辑的活动图。

相关需求如下：

①借出图书时，借阅者将图书和借阅证交给图书借阅员，办理借阅手续。图书借阅员首先输入借阅者的借阅证号，系统验证借阅证是否有效，验证是否有超期图书。通过验证后，方可完成借书操作。

②还书时，只需将图书交给图书借阅员。输入条码验证是否超期。验证通过，完成还书。

③借书和还书时，如有图书损坏、丢失或超期情况，将进行相应的罚款。

2. 验收标准

①掌握活动图的概念和作用。

②掌握活动图中各元素的含义，以及活动图的绘制方法。

③学会使用 Rational Rose 中的图标绘制活动图。

7.3 预备知识

7.3.1 活动图的含义

活动图（Activity Diagram，动态图）是阐明了业务用例实现的工作流程。业务工作流程说明了业务为向所服务的业务主角提供其所需的价值而必须完成的工作。业务用例由一系列活动组成，它们共同为业务主角生成某些工件。工作流程通常包括一个基本工作流程和一个或多个备选工作流程。工作流程的结构使用活动图进行说明。

活动图中用活动、转移、分支合并、分叉汇合、泳道、对象流等组成元素来描述业务工作流。一个简单的活动图如图 7.1 所示。

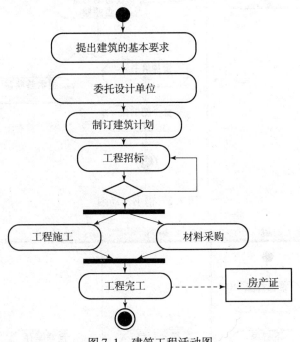

图 7.1 建筑工程活动图

7.3.2 活动图的作用

活动图对用例描述尤其有用，它可以对用例的工作流建模，显示用例内部和用例之间的路径。它可以说明用例的实例是如何执行动作及如何改变对象状态的。以第 3 章用例图中的借书流程为例，活动图如图 7.2 所示。

活动图可以描述一个工作流，对于理解业务流程非常有利。它能说明一个业务涉及哪些角色、它们之间的活动是如何组织的、工作是如何进行的，如图 7.3 所示。

活动图可以描述工程组织过程，如图 7.4 所示。

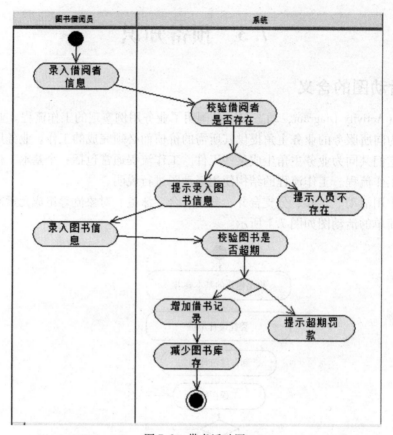

图 7.2 借书活动图

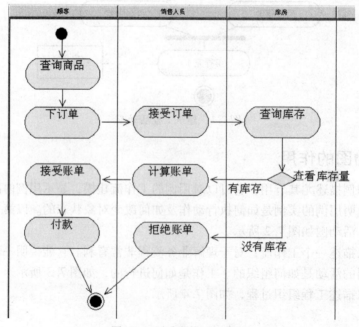

图 7.3 活动图描述工作流

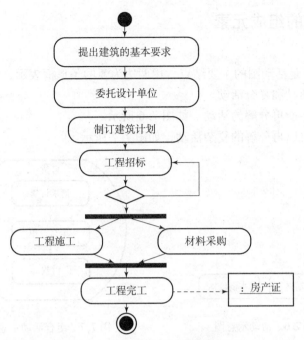

图 7.4　活动图描述工程组织过程

活动图对于描述复杂过程的算法十分有用，在这种情况下使用的活动图和传统的程序流程图是差不多的，如图 7.5 所示。

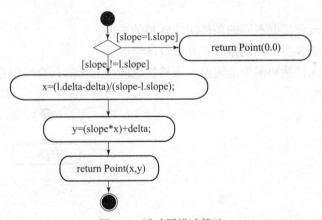

图 7.5　活动图描述算法

活动图和程序流程图都可以描述程序的流程和复杂的算法，但它们还是有区别的：

①流程图着重描述处理过程，它的主要控制结构是顺序、分支和循环，各个处理过程之间有严格的顺序和时间关系；而活动图描述的是对象活动的顺序关系所遵循的规则，它着重表现的是系统的行为，而非系统的过程。

②活动图能表示并发活动的情况，而流程图不能。

③活动图是面向对象的，而流程图是面向过程的。

7.3.3 活动图的组成元素

1. 活动

活动（Action）是活动图的主要结点，用两边为弧的条形框表示，中间写活动名。

活动分为简单活动和复合活动。

①简单活动：不能再分解的活动，如图 7.6 所示。

②复合活动：可以再分解的复杂活动，如图 7.7 所示。

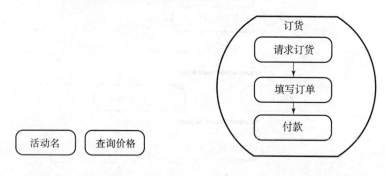

图 7.6 活动示意图　　　图 7.7 组合活动示意图

2. 活动流

活动流（ActionFlow）描述活动之间的有向关系，反映一个活动向另外一个活动的转移。用带箭头的实线表示，如图 7.8 所示。

3. 分支与合并

分支表示活动流要根据不同的条件决定转换的去向。

合并表示两个或者多个控制路径在此汇合的情况。

分支包括一个入转换和多个出转换，出转换之间是互斥的；合并包括多个入转换和一个出转换，如图 7.9 所示。

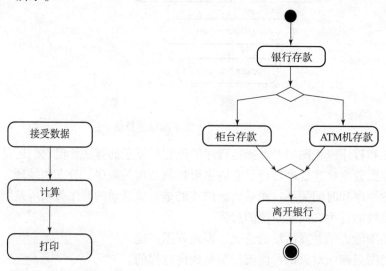

图 7.8 活动流示意图　　　图 7.9 分支与合并示意图

4. 分叉与汇合

分叉与汇合用来对并发的控制流建模。

分叉用于将活动流分为两个或多个并发运行的分支。汇合用来表示并行分支在此得到同步，如图 7.10 所示。

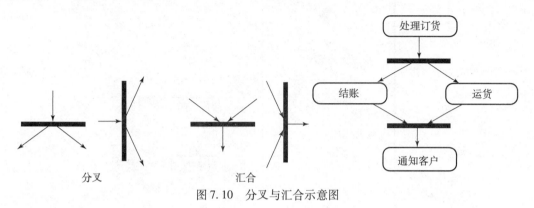

图 7.10　分叉与汇合示意图

5. 泳道

泳道（Swimlane）是活动图中的区域划分。每一个泳道代表一个责任区域，指明活动是由谁负责的或发起的。一个泳道中包括一组相关活动，如图 7.11 所示。

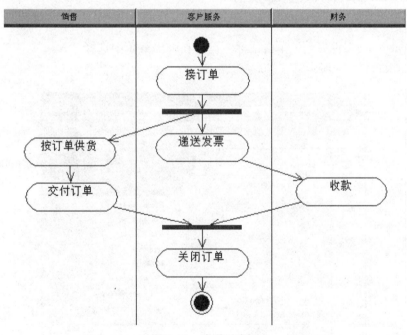

图 7.11　泳道示意图

6. 对象流

对象流反映活动与对象之间的依赖关系，表示对象对活动的作用或活动对对象的影响，用依赖关系表示。

① 如果箭头从活动指向对象，表示活动对对象的创建、修改或撤销等的影响。

②如果箭头从对象指向活动，表示该活动将使用所指向的对象。如图 7.12 所示。

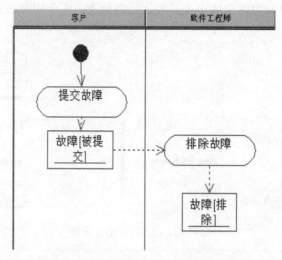

图 7.12　对象流示意图

7.3.4　Rational Rose 基本操作

1. 创建活动图

在 Logical View 文件夹上，单击鼠标右键，在弹出菜单中选择"New"→"Activity Diagram"即可，如图 7.13 所示。

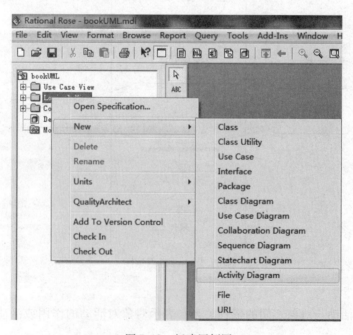

图 7.13　新建用例图

创建活动图后，"Logical View"目录下生成了"State/Activity Model"子目录，目录下是新创建的名称为"NewDiagram"的活动图文件。可以直接修改新建的活动图名称为"LibraryAct"；也可以选中，右击，在弹出菜单中选择"Rename"进行重命名，如图7.14所示。

创建活动图后，可以使用表7.1所示的工具按钮。

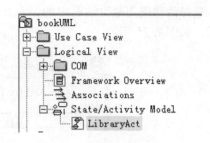

图7.14 重命名活动图

表7.1 活动图工具按钮说明

图标	名称	用途
	Selection Tool	选择工具
ABC	Text Box	创建文本框
	Note	创建注释
	Anchor Note to Item	将注释和类图元素相连
	State	序列图中的对象
	Activity	类的实例
	Start State	对象之间的连接
	End State	对象自身连接
	State Transition	连接消息
	Transition to self	相反方向的连接消息
	Horizontal Synchronization	水平同步
	Vertical Synchronization	垂直同步
	Dicision	判定
	Swimlane	泳道

2. 创建初始和终止状态

选中工具栏中的 ◆ 图标，在活动图编辑区中单击，即可创建一个活动图的初始状态。

选中工具栏中的 ◉ 图标，在活动图编辑区中单击，即可创建一个活动图的终止状态。注意，一个活动图中初始状态只能有一个，终止状态可以有多个。

3. 创建活动

选中工具栏中的 ▭ 图标，然后在活动图编辑区单击，即可绘制一个活动。双击活动图标，可以在弹出的活动图规范对话框中编辑活动的名称、动作、转换和泳道。

这里着重讲解如何创建活动的动作：

选择活动图规范对话框中的"Activity"动作选项页,在空白区域右击,选择"Insert"选项,如图7.15所示。

图7.15 从借阅管理员拖曳至图书借阅界面类的链

然后双击列表中新生成的"Entry/",弹出动作规范对话框,单击"When"下拉框,选择动作选项"On Entry""On Exit""Do""On Event"。"Name"属性可以设定动作的名字。如图7.16所示。

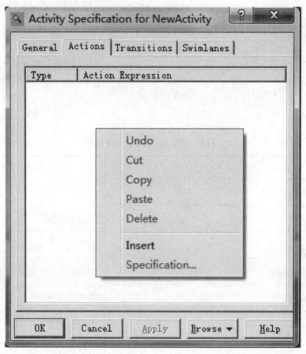

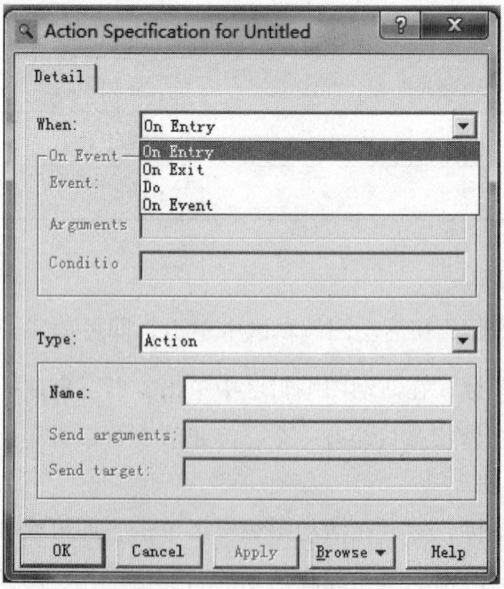

图7.16 动作规范对话框

4. 创建转换

活动图的转换用箭头的直线表示，箭头指向转入的方向。

要创建转换，首先单击工具栏中的"State Transition"图标，然后在两个需要转换的动作状态之间拖动鼠标。如图 7.17 所示。

图 7.17　创建转换示意图

5. 创建分叉与汇合

分叉有水平分叉和垂直分叉，二者在语义上是一样的。

以水平分叉为例，单击工具栏中的"Horizontal Synchronization"图标，在绘制区域要创建分叉与汇合的地方单击鼠标左键。接下来可以创建活动到水平分叉的转换及水平分叉到活动的转换，如图 7.18 所示。

6. 创建分支与合并

单击工具栏中的"Decision"图标，然后在绘制区域要创建分支与合并的地方单击鼠标左键，如图 7.19 所示。

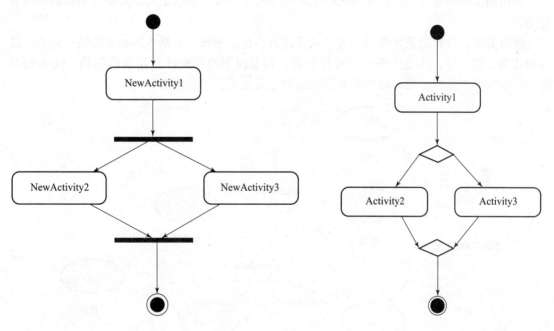

图 7.18　创建分叉与汇合示意图　　　　图 7.19　分支与合并示意图

7. 创建泳道

泳道用于将活动按照职责进行分组。

要创建泳道，首先单击工具栏中的"Swimlane"图标，然后在绘制区域单击即可，如图 7.20 所示。

图 7.20 泳道示意图

7.4 项目实施

7.4.1 任务 1——确定需求用例

在使用活动图建模之前,要首先确定为哪个对象建模。也就是说,要确定系统的参与者与用例。

针对需求,分析出系统参与者为借阅管理员,他会参与三个基本的系统功能:登录、借书和还书。借书时,涉及借书证有效性验证,以及图书超期验证及罚款的用例。还书的时候,会校验图书是否超期,超期涉及罚款用例。系统用例图如图 7.21 所示。

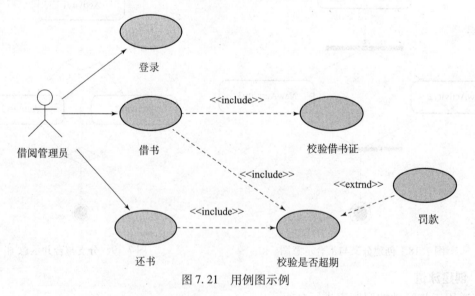

图 7.21 用例图示例

7.4.2 任务 2——确定用例路径

建立一条明显的路径执行工作流。建立工作流时,需要注意:
①识别出工作流的初始和终止状态。

②识别出工作流中有意义的对象。
③识别出各种状态之间的转换。
④识别出分支与合并、分叉与结合的情况。

确定用例路径，如图 7.22 所示。

7.4.3 任务 3——创建活动图

明确了系统需求用例与工作路径后，就可以正式创建活动图了。

创建活动图的过程中，要注意如下问题：

①考虑用例的正常活动路径的同时，也要考虑其他可能的执行路径。
②细化活动图，使用泳道。
③按照时间顺序自上而下地排列泳道内的动作或者状态。
④使用并发时，不要漏掉任何的分支。

完成的活动图如图 7.23 所示。

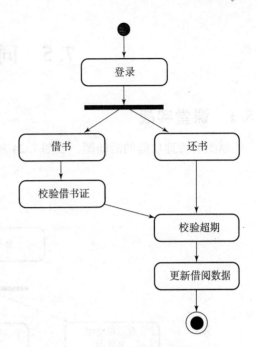

图 7.22 用例流程示意图

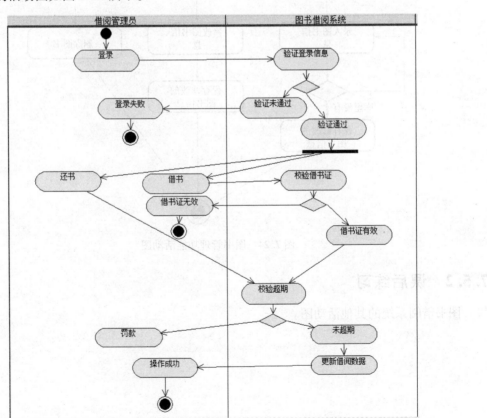

图 7.23 借书、还书活动图

7.5 同步训练

7.5.1 课堂实战

绘制图书管理功能的活动图,如图 7.24 所示。

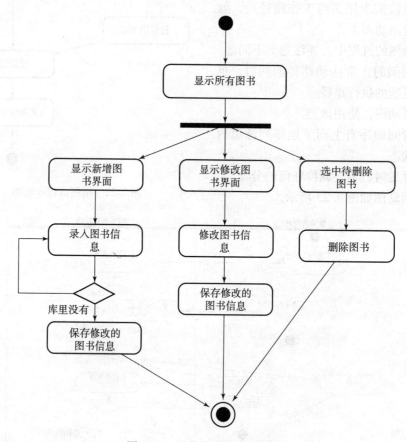

图 7.24 图书管理功能活动图

7.5.2 课后练习

图书借阅系统的其他活动图。

1. 登录活动图（图 7.25）

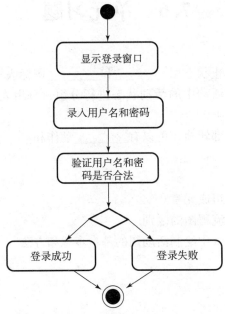

图 7.25　登录活动图

2. 借阅证管理功能活动图（图 7.26）

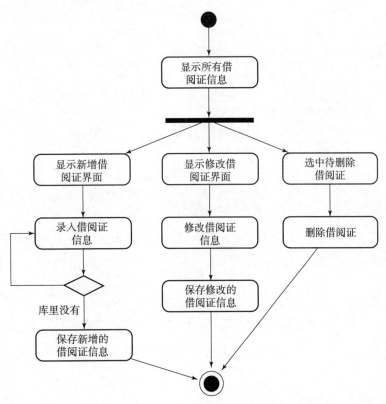

图 7.26　借阅证管理功能活动图

7.6　单元习题

1. 填空题

（1）活动图的开始和终止状态用_____和_____图标表示。

（2）_____是将一个活动中的活动状态进行分组，每组表示一个特定的类、人或部门，他们负责完成组内的活动。

（3）活动状态可以有内部转换，可以有_____动作和_____动作。

2. 简答题

（1）简述活动图的作用。

（2）简述活动图有哪些组成元素。

（3）简述活动图和程序流程图的区别。

（4）简述在 Rational Rose 中绘制活动图的基本步骤和方法。

第 8 章

状 态 图

8.1 项目背景

在 UML 软件开发过程中,系统的动态模型主要包括对象交互模型和对象的状态模型。对象交互模型用序列图和协作图进行描述,对象的状态模型则用状态图和活动图进行描述。

状态图是描述一个实体基于事件反应的动态行为,显示了该实体如何根据当前所处的状态对不同的事件做出反应。比如,图书馆的图书从采购到入库,到被借出、被归还等,发生不同的事件,图书产生不同的状态。可以通过状态图来描述图书基于什么事件,产生什么状态。状态图可以说是对类图的一种补充,帮助开发者完善某一类,有助于我们正确地认识对象的行为并定义它的服务。

并不是所有的类都需要画状态图、有明确意义的状态,在不同状态下行为有不同的类,才需要画状态图。

8.2 项目任务

1. 任务描述

绘制图书借阅系统中图书的状态图。

相关需求如下:

①借出图书时,借阅者将图书和借阅证交给图书借阅员,办理借阅手续。图书借阅员首先输入借阅者的借阅证号,系统验证借阅证是否有效,验证是否有超期图书。通过验证后,方可完成借书操作。

②还书时,只需将图书交给图书借阅员。图书借阅页输入条码验证是否为本库藏书,是否超期。验证通过,完成还书。

③借书和还书时,如有图书损坏、丢失或超期情况,将进行相应的罚款。

④图书管理员管理图书信息,包括图书名称、编码、类型、作者、出版社、价格等。

2. 验收标准

①掌握状态图的概念和作用。

②掌握状态图中个元素的含义,以及状态图的绘制方法。

③学会使用 Rational Rose 中的图标绘制状态图。

8.3 预备知识

8.3.1 状态图的含义

状态图（Statechart Diagram）是描述一个实体基于事件反应的动态行为，显示了该实体如何根据当前所处的状态对不同的事件做出反应。通常创建一个 UML 状态图是为了以下的研究目的：研究类、角色、子系统或组件的复杂行为。

状态图用于显示状态机（它指定对象所在的状态序列）、使对象达到这些状态的事件和条件，以及达到这些状态时所发生的操作。

状态机用于对模型元素的动态行为进行建模，更具体地说，就是对系统行为中受事件驱动的方面进行建模。状态机专门用于定义依赖于状态的行为（即根据模型元素所处的状态而有所变化的行为）。其行为不会随着其元素状态发生变化的模型元素不需要用状态机来描述（这些元素通常是主要负载管理数据的被动类）。

状态机由状态组成，各状态由转移连接在一起。状态是对象执行某项活动或等待某个事件时的条件。转移是两个状态之间的关系，它由某个事件触发，然后执行特定的操作或评估并导致特定的结束状态。图 8.1 描绘了一个简单机器的状态机。

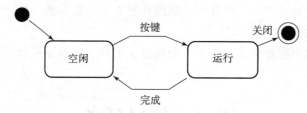

图 8.1　一个简单机器的状态机

8.3.2 状态图的作用

①状态图清晰地描述了状态之间的转换顺序，通过状态的转换顺序可以清楚地看出事件的执行顺序。

②状态图清晰地描述了状态转换时所必需的触发事件、监护条件和动作等影响转换的因素，有利于程序员避免程序中非法事件的进入。

③状态图通过判定可以更好地描述工作流因为不同的条件而发生的分支。

活动图与状态图的描述图符基本一样，它们的不同在于：

①触发一个系统或对象状态（活动）发生迁移的机制不同。

状态图中的对象状态要发生迁移，必须有一个可以触发状态迁移的事件发生，或者有一个满足了触发迁移的条件产生。

活动图中的活动状态迁移不需要事件触发，一个活动执行完毕可以直接进入下一个活动状态。

②描述多个对象共同完成一个操作的机制不同。

状态图采用嵌套的方式来描述多个对象共同完成一个操作。

活动图通过采用建立泳道的方法来描述一个系统中几个对象共同完成一个操作或一个用例实例所需要的活动。所以，活动图更适合用来描述一个系统或一个活动的并发行为。

8.3.3 状态图的组成元素

1. 状态

（1）状态的概念

状态（state）：是指对象在其生命周期中，满足某些条件、执行某些活动或等待某些事件时的一个状况。

状态指的是对象的状态。例如：

①发票（对象）被支付（状态）。

②小车（对象）正在停着（状态）。

③发动机（对象）正在工作（状态）。

④电灯（对象）开着（状态）。

（2）状态的表示和要素

状态的表示：用圆角的矩形框表示状态。状态的要素：

1）状态名：用于唯一标识一个状态，可以有匿名状态。如图8.2中的"Lighting"。

2）活动。列出该状态要执行的事件和动作。活动有3个标准事件：

①Entry 事件：指明进入该状态时的特定动作。

②Exit 事件：指明退出该状态时的特定动作。

③Do 事件：指明在该状态中执行的动作。

图8.2给出了Lighting状态的实例。

（3）状态的类型（图8.3）

①初始状态。每个状态图都应该有一个初始状态，它代表状态图的起始位置。在UML中，一个状态图只能有一个初始状态，用一个实心的圆表示。

②中间状态。非开始和结束状态。描述一个类对象生命周期中的一个时间段。

③结束状态。一个状态图的终点。一个状态图可以拥有一个或多个终止状态。

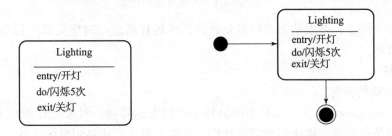

图8.2　Lighting状态示意图　　　　图8.3　状态的类型示意图

④组合状态和子状态。

子状态：被嵌套在另外一个状态中的状态。

组合状态：含有子状态的状态。组合状态也可以有初态和终态。

如图 8.4 所示。

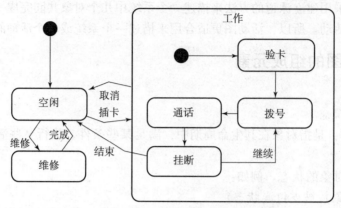

图 8.4　组合状态和子状态

⑤并发状态。

并发状态：指一个对象在同一时刻可以处在多种状态。如图 8.5 所示。

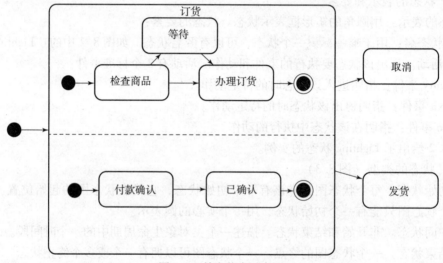

图 8.5　并发状态示意图

并发中的同步：并发状态之间需要通信，或具有确定的时序关系，称为并发中的同步。如图 8.6 所示。

2. 转移

（1）转移的概念

转移（transition）：是一个状态向另外一个状态的转换。对象处在源状态时，发生一个事件，如果条件满足，则执行相应的动作，对象由源状态转移到目标状态。

转移用箭头表示，如果没有标注事件，则本转移为自动转移。如图 8.7 所示。

（2）转移的类型

①自转移：源状态和目标状态为同一状态的转移。如图 8.8 所示。

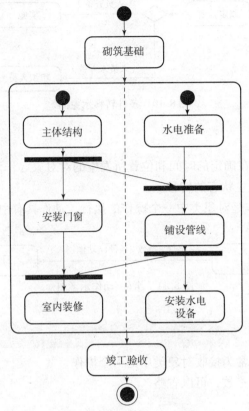

图 8.6　并发中的同步示意图

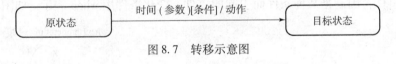

图 8.7　转移示意图

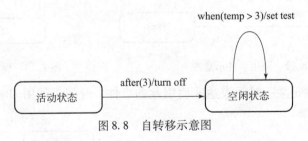

图 8.8　自转移示意图

② 自动转移：一个状态根据本状态的有关情况，自动触发进入目标状态。在转移上没有事件。如图 8.9 所示。

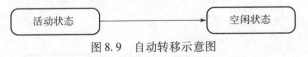

图 8.9　自动转移示意图

③ 条件转移：通过分支判断所确定的转移。如图 8.10 所示。

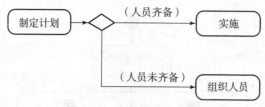

图 8.10　条件转移示意图

3. 事件

（1）事件的概念

事件（event）：是指在确定的时间和位置所发生的对对象起作用的事情。事件的发生将引起一些动作，使对象发生状态的转移。

动作（Action）：动作是对象类中一个操作的执行，动作具有中间性和不可中断特性。如图 8.11 所示。

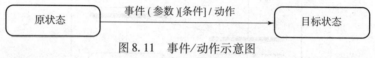

图 8.11　事件/动作示意图

（2）事件的描述

事件名称［参数表］

事件名称：字符串，常为接收对象类中的一个操作。

参数表：事件的形式参数，可以省略。

（3）事件的类型

①调用事件：是表示对操作的调度。如图 8.12 所示。

②变化事件：因满足某种条件而引起的事件，变化条件用 when 表示。如图 8.13 所示。

图 8.12　调用事件示意图　　　　图 8.13　变化事件示意图

③时间事件：满足某一时间表达式而引起的事件，时间事件用 after、when 表示。如图 8.14 所示。

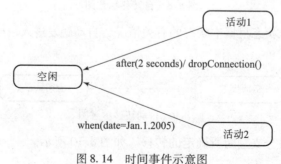

图 8.14　时间事件示意图

一个烧水的实例,如图 8.15 所示。

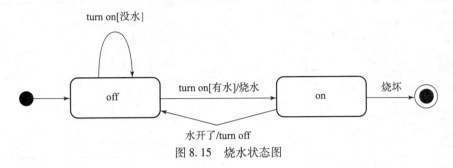

图 8.15　烧水状态图

8.3.4　Rational Rose 基本操作

1. 创建状态图

在 Logical View 文件夹上,单击鼠标右键,在弹出菜单中选择"New"→"Statechart Diagram"即可。如图 8.16 所示。

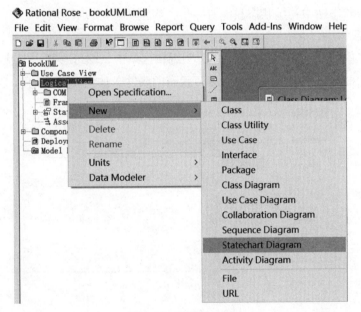

图 8.16　新建状态图

创建状态图后,"Logical View"目录下生成了"State/Activity Model"子目录,目录下是新创建的名称为"NewDiagram"的状态图文件。可以直接修改新建的状态图名称为"LibraryState",也可以选中,右击,在弹出菜单中选择"Rename"进行重命名。

创建状态图后,可以使用表 8.1 所示的工具按钮。

2. 创建初始和终止状态

选中工具栏中的 ◆ 图标,在活动图编辑区中单击,即可创建一个活动图的初始状态。

选中工具栏中的 ◉ 图标,在状态图编辑区中单击,即可创建一个状态图的终止状态。

表 8.1　状态图工具栏按钮说明

图标	名称	用途
▶	Selection Tool	选择工具
ABC	Text Box	创建文本框
📄	Note	创建注释
／	Anchor Note to Item	将注释和类图元素相连
▭	State	序列图中的对象
●	Start State	对象之间的连接
◉	End State	对象自身连接
↗	State Transition	连接消息
↺	Transition to self	相反方向的连接消息

注意，一个状态图中初始状态只能有一个，终止状态可以有多个。

3. 创建状态

选中工具栏中的 ▭ 图标，然后在状态图编辑区单击，即可绘制一个状态。双击状态图标，可以在弹出的状态图规范对话框中编辑状态的属性。如图 8.17 所示。

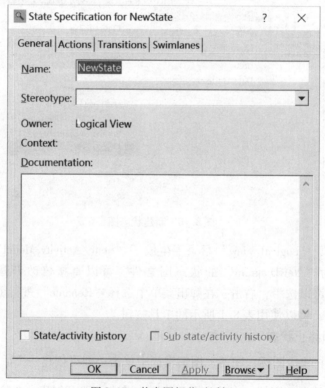

图 8.17　状态图规范对话框

4. 创建状态之间的转换

转换时，两个状态之间的一种关系，代表了一种状态到另一种状态的过渡。在 UML 中，转换用一条带箭头的直线表示。

要增加转换，首先用鼠标左键单击状态工具栏中的 ↗ 图标，然后用鼠标左键单击转换的源状态，接着向目标状态拖动一条直线，效果如图 8.18 所示。

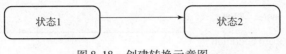

图 8.18　创建转换示意图

5. 创建事件

一个事件可以触发状态的转换。要增加事件，先双击转换图标，在出现的对话框的"General"选项卡里增加事件。在"Event"选项中添加触发转换的事件，在"Arguments"选项中添加事件的参数。如图 8.19 所示。

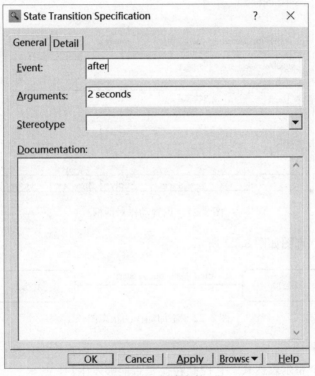

图 8.19　创建事件

添加事件后的效果如图 8.20 所示。

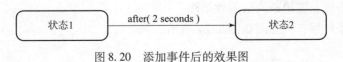

图 8.20　添加事件后的效果图

6. 创建动作

动作是可执行的原子计算，它不会从外界中断。动作可以附属于转换，当转换激发时，动作被执行。要创建新的动作，先双击转换的图标，在出现的对话框的"Detail"选项卡的"Action"选项中，填入要发生的动作，如图 8.21 所示。

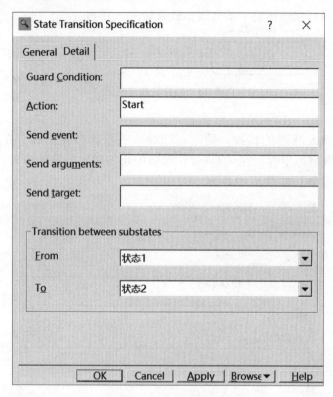

图 8.21　设置动作对话框

添加动作后，状态图如图 8.22 所示。

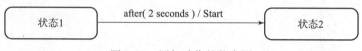

图 8.22　添加动作的状态图

7. 创建监护条件

监护条件是一个布尔表达式，它控制转换是否能够发生。

要添加监护条件，先双击转换的图标，在出现的对话框中的"Detail"选项卡"Guard Condition"选项中，填入监护条件。可以参考添加动作的方法来添加监护条件。图 8.23 所示为添加动作、事件、监护条件后的效果图。

添加完监护条件后，状态图如图 8.24 所示。

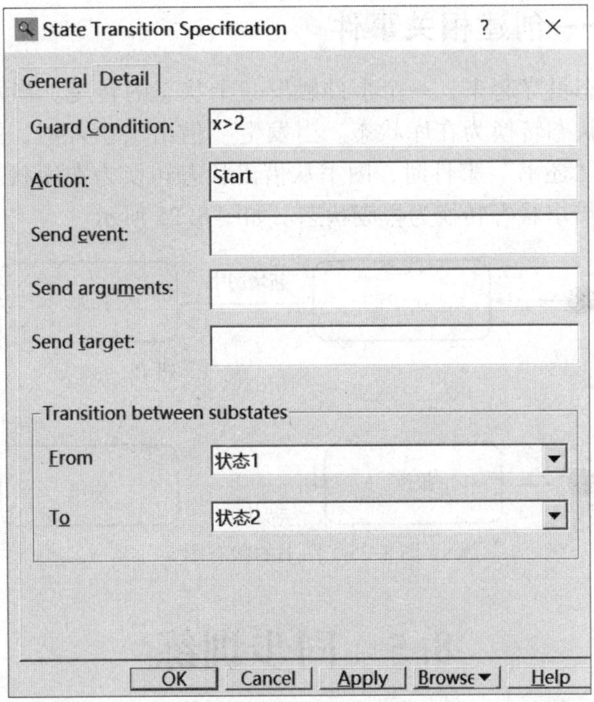

图 8.23 创建监护条件示意图

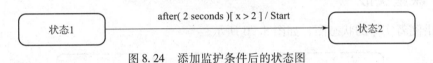

图 8.24 添加监护条件后的状态图

8.4 项目实施

8.4.1 任务1——确定状态图的实体

要创建状态图,首先要标识出哪些实体需要使用状态图进行建模。我们不需要为所有类或用例创建状态图,只需要给具有清晰、有序的状态的实体创建状态图。

根据任务要求,图书是要建模的实体。

8.4.2 任务2——确定状态图中实体的状态

对于图书来说,在系统中可能存在以下几种状态。
①未入库状态;
②在库状态;
③借出状态;
④报废状态。

8.4.3 任务3——创建相关事件

用事件将各个状态贯穿起来，一个事件触发一个状态的转变。当发生"新增图书"事件时，图书从未入库状态转换为在库状态。当发生"借出"事件时，图书从在库状态转换为借出状态。当发生"还书"事件时，图书从借出状态转换为在库状态。当发生"丢失损毁"事件时，图书从借出状态转换为报废状态。如图 8.25 所示。

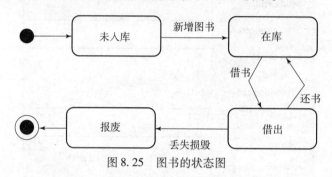

图 8.25 图书的状态图

8.5 同步训练

8.5.1 课堂实战

绘制借阅者实体的状态图，如图 8.26 所示。

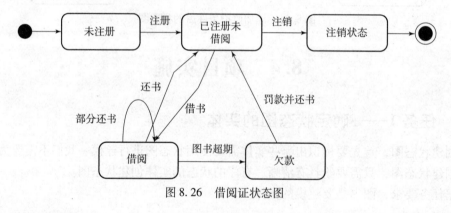

图 8.26 借阅证状态图

8.5.2 课后练习

图书借阅系统其他状态图。

8.6 单元习题

1. 填空题

（1）在状态机中，一个_____的出现可以触发状态的改变。

（2）状态可以分为_____和_____。
（3）_____是对象类中一个操作的执行，具有中间性和不可中断特性。

2. 简答题

（1）简述状态图的作用。
（2）简述状态图有哪些组成元素。
（3）简述状态图和活动图的区别。
（4）简述在 Rational Rose 中绘制状态图的基本步骤和方法。

第 9 章

包 图

9.1 项目背景

UML 中对模型元素进行组织管理是通过包来实现的。它把概念上相似的、有关联的、会一起产生变化的模型元素组织在同一个包中,方便开发者对复杂系统的理解,控制系统结构各部分之间的连接。而包图是由包和包之间的联系构成的,它是维护和控制系统总体结构的重要工具。

我们的图书管理系统有很多类图,类图之间又有很多联系,为了清晰、简洁地描述一个复杂的系统,通常都是把它分解成若干较小的系统(子系统),形成一个描述系统的结构层次,将复杂问题简单化,这是一种解决复杂问题的有效方法。

9.2 项目任务

1. 任务描述

图书借阅系统的程序采用三层架构的形式组织,创建相应的包图,将图书借阅系统的类图放入其中。

图书借出部分类图如图 9.1 所示。

2. 验收标准

①掌握包图的含义和作用。

②能正确使用 Rational Rose 中的图标绘制包图。

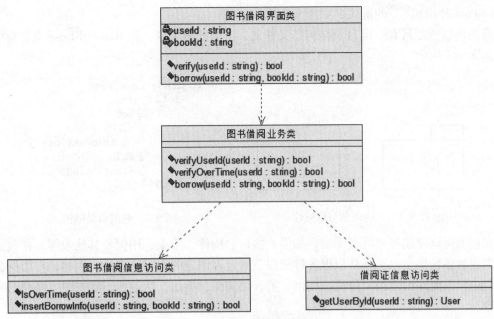

图 9.1　图书借阅功能类关系图

9.3　预备知识

9.3.1　模型的组织结构

模型需要有自己的内部组织结构，一方面，能够将一个大系统进行分解，降低系统的复杂度；另一方面，能够允许多个项目开发小组同时使用某个模型而不发生过多的相互牵涉。

包图（Package Diagram）是一种维护和描述系统总体结构的模型的重要建模工具，通过对图中各个包及包之间关系的描述，展现出系统的模块与模块之间的依赖关系。

如果包的规划比较合理，那么它们能够反映系统的高层架构——有关系统由子系统和它们之间的依赖关系组合而成。包之间的依赖关系概述了包的内容之间的依赖关系。一个简单的包图如图 9.2 所示。

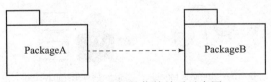

图 9.2　包之间的依赖关系示意图

9.3.2　包的命名和可见性

每个包必须有一个与其他包相区别的名称。包的名称可以有两种形式：简单名（Simple Name）和路径名（Path Name）。其中，简单名仅包含一个名称字符串，而路径名是以包所处的外围包的名字作为前缀并加上名称字符串。在 Rational Rose 中，路径名是用简单名后加上"(from 外围包)"的形式,如图 9.3 所示。

其实,包就是具有一定目录结构的文件夹,上面的两个包,在 Rational Rose 浏览器中的结构如图 9.4 所示。

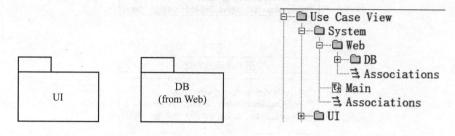

图 9.3　包的命名与可见性　　　　图 9.4　包的目录结构

在包下可以创建各种模型元素,如类、接口、构件、节点、用例及其他包等。在包图下允许创建的各种模型元素都是根据各种视图下所允许创建的内容决定的,例如,在用例视图下的包中,只允许创建包、角色、用例、类、用例图、类图、活动图、状态图、序列图和协作图等。

包对自身所包含的内部元素的可见性也有定义:

①Private(-) 定义的私有元素对包外部元素完全不可见;

②Protected(#) 定义的被保护的元素只对那些与包含这些元素的包有泛化关系的包可见;

③Public(+) 定义的公共元素对所有引入的包及它们的后代都可见。

这三个关键字在 Rational Rose 中的表示如图 9.5 所示。

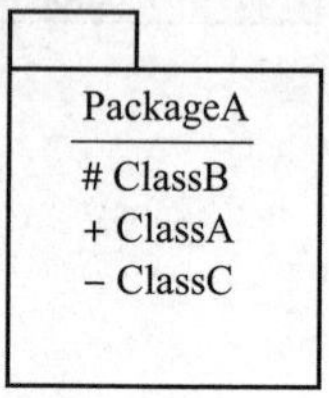

图 9.5　包内元素可见性示意图

9.3.3　包的构造型和子系统

包有不同的构造型,表现为不同的特殊类型的包,例如模型、子系统和系统等。在 Rational Rose 2007 中,支持四种包的构造型:业务分析模型包(BusinessAnalysis Model)、业务设计包(BusinessDesign Model)、业务用例模型包(BusinessUseCase Model)和 CORBA Module包。如图 9.6 所示。

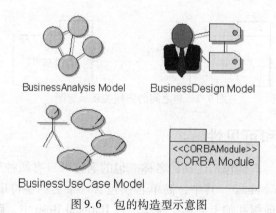

图 9.6　包的构造型示意图

系统是组织起来以完成一定目的的连接单元的集合，由一个高级子系统建模，该子系统间接包含共同完成现实世界目的的模型元素的集合。一个系统通常可以用一个或多个视点不同的模型描述。

系统使用一个带有构造型"system"的包表示，在 Rational Rose 2007 中，内部支持两种系统：程序系统和业务系统，如图 9.7 所示。

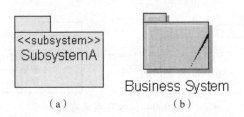

图 9.7　包的程序系统和业务系统示意图
(a) 包的程序系统；(b) 包的业务系统

9.3.4　包的嵌套

包可以拥有其他包作为包内的元素，子包又可以拥有自己的子包，这样可以构成一个系统的嵌套结构，以表达系统模型元素的静态结构关系。

包的嵌套可以清晰地表现系统模型元素之间的关系，但是在建立模型时，包的嵌套不宜过深，包的嵌套的层数一般以 2~3 层为宜，如图 9.8 所示。

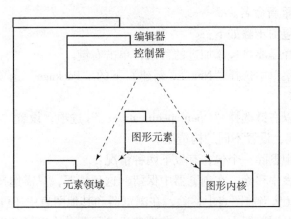

图 9.8　包的嵌套示意图

9.3.5　包的联系

包之间的关系总的来讲可以概括为依赖关系和泛化。两个包之间存在着依赖关系通常是指这两个包所包含的模型元素之间存在着一个和多个依赖。

对于由对象类组成的包，如果两个包的任何对象类之间存在着一种依赖，则这两个包之间就存在着依赖。包的依赖联系同样是使用一根虚箭线表示，虚箭线从依赖源指向独立目的包，如图 9.9 所示。

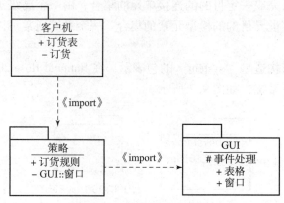

图9.9 包的联系示意图

9.3.6 用 Rational Rose 制作包图

1. 创建、删除包图

可以通过工具栏、菜单栏或者浏览器创建包图。

通过工具栏或菜单栏添加包的步骤如下：

①在类图的图形编辑工具栏中，选择用于创建包的图标，或者在菜单中，选择"Tool"（工具）→"Create"（创建）→"Package"选项，此时光标变为"+"号。

②单击类图中任意一个空白处，系统会在该位置创建一个包图，系统默认名称为"NewPackage"。可以重新命名。

通过浏览器添加包的步骤如下：

①在浏览器中选择需要将包添加进的目录，单击右键。

②在弹出的快捷菜单中选择"New"（新建）下的"Package"选项。

③输入包的名称。

创建好包后，可以右键选择"Open specification…"选项，设置"General"选项卡中的"Stereotype"下拉列表，设置不同的构造型。

如果需要在模型中删除一个包，有以下两种情况：

①将包从当前图表中移除，在浏览器中保留。这种情况，只需选择当前图表中的包，按 Delete 键。此时，包仅从当前图表中移除，在浏览器和其他图表中还可以继续使用。

②彻底删除包。在浏览器中选中包，右键在弹出的菜单中选择"Delete"。

2. 向包中添加元素

在包目录下创建两个类："UML"和"Course"，如图 9.10 所示。

然后选中包，右击，在弹出菜单中选中"Select Compartment Items…"选项，然后在弹出的对话框中，选中左侧的"UML"和"Course"两个类，单击中间的按钮，将两个类添加到右侧框中。单击"OK"按钮，生成如图 9.11 所示包图。

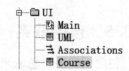

图 9.10 包中创建两个类的示意图

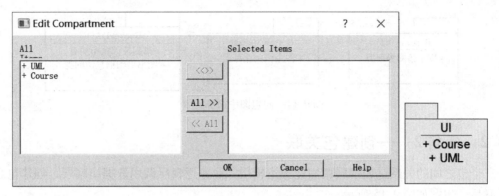

图 9.11　向包中追加元素的示意图

3. 创建包之间的依赖

创建好两个包后，选中依赖关系线，选中一个包并将其拖至另一个包。例如，UI 包依赖System包，则创建如图 9.12 所示的关系。

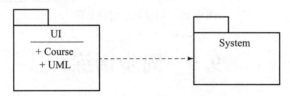

图 9.12　创建包之间的联系示意图

9.4　项目实施

9.4.1　任务1——创建包

根据需求，用三层架构的模式组织图书借阅系统的类图。在 Rational Rose 的浏览器中，选中"Use Case View"，右击，选择"New"→"Package"，创建出表示层"BorrowView"、业务逻辑层"BorrowManage"、数据访问层"BorrowDAO"三个包。

然后，分析类"图书借阅界面类"属于边界类，放在表示层的"BorrowView"包中；"图书借阅业务类"属于控制类，放在业务逻辑层"BorrowManage"包中；"图书借阅信息访问类"和"借阅证信息访问类"都是实体类，属于数据访问层，放在"BorrowDAO"包中。通过浏览器将各个类拖曳至相应的包下，如图 9.13 所示。

选中包的图标，将类的信息添加到包图中后，形成的包图如图 9.14 所示。

图 9.13　包内元素构成示意图

图 9.14　向包图中添加元素

9.4.2　任务 2——创建包关联

三个包之间的关系是表示层调用业务逻辑层，业务逻辑层调用数据访问层。创建包之间的关联后，包图如图 9.15 所示。

图 9.15　创建包之间的关联

9.5　同步训练

课堂上练习还书功能的包图。
课后完成图书借阅系统全部的包图。

9.6　单元习题

1．填空题
（1）包的可见性关键字包括_____、_____和_____。
（2）在 UML 中，_____的组织是通过包图来实现的。

2．简答题
（1）简述包图的组成元素。
（2）简述包图的作用。
（3）简述在 Rational Rose 中绘制包图的基本步骤和方法。

第 10 章

构件图和部署图

10.1 项目背景

前面通过用例图、类图、序列图、协作图、活动图、状态图等实现了图书借阅系统逻辑上的描述。而在构造一个面向对象的软件系统的时候，不仅要考虑系统的逻辑部分，还要考虑系统的物理部分。

我们的系统中，类是最基础的"模块化"元素，通常把若干有关联，或者共同完成一个功能的类封装成一个更大的模块，比如图书管理模块，该模块专门处理图书的增、删、改、查。这样以后在做类似的图书借阅系统时，这部分功能需求如果没有变化，就可以把这个模块拿来使用。在 UML 中，通过构件图（Component Diagram）来描述系统可重用的物理单元。

我们的系统最终会部署到服务器或者客户端这些硬件节点上，硬件是什么样的体系结构，节点和节点之间如何通信，在 UML 中，通过部署图（Deployment Diagram）来描述。

10.2 项目任务

1. 任务描述

绘制图书借阅系统的构件图和部署图。

2. 验收标准

①掌握构件图和部署图的含义和作用。

②能正确使用 Rational Rose 中的图标，绘制构件图和部署图。

10.3 预备知识

10.3.1 构件

在构件图中，将系统中可重用的模块封装成具有可替代性的物理单元，称之为构件，它是独立的，在一个系统或子系统中的封装单位，提供一个或多个接口，是系统高层的可重用的部件。

构件图在 UML 中，通过一个矩形表示一个构件，构件的名称位于矩形内部，左侧两个小矩形代表构件的接口。具体的表示方法如图 10.1 所示。

构件也有不同的类型,在 Rational Rose 2007 中,还可以使用不同的图标表示不同类型的构件。

有一些构件的图标表示形式和标准构件图形表示形式相同,它们包括 ActiveX、Applet、Application、DLL、EXE 及自定义构造型的构件,它们的表示形式是在构件上添加相关的构造型,是一个构造型为 Applet 的构件,如图 10.2 所示。

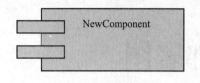

图 10.1　构件示例　　　　　　　图 10.2　Applet 构件

在 Rational Rose 2007 中,数据库也被认为是一种构件,如图 10.3 所示。

系统是指组织起来以完成一定目的的连接单元的集合,在系统中,肯定有一个文件用来指定系统的入口,也就是系统程序的根文件,这个文件被称为主程序。

子程序规范和子程序体是用来显示子程序的规范和实现体的。子程序是一个单独处理的元素的包,通常用它代指一组子程序集,如图 10.4 所示。

图 10.3　数据库构件　　　　图 10.4　子程序规范和子程序体构件
　　　　　　　　　　　　　(a) 主程序;(b) 子程序规范;(c) 子程序体

在具体的实现中,有时候将源文件的声明文件和实现文件分离开,如 C++ 中的 .h 和 .cpp 文件,将包规范和包体分别放置在这两种文件中,如图 10.5 所示。

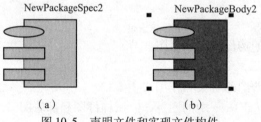

图 10.5　声明文件和实现文件构件
(a) 声明文件;(b) 实现文件构件

任务规范和任务体用来表示那些拥有独立控制线程的构件的规范和实现体,如图 10.6 所示。

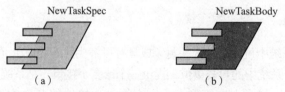

图 10.6　任务规范和任务体构件
(a) 任务规范;(b) 任务体构件

10.3.2 构件之间的关系

构件图中，构件和构件之间的关系表现为依赖关系，图标上仍然是通过带箭头的虚线来表示。例如，构件"ComponentA"依赖于构件"ComponentB"，构件图如图10.7所示。

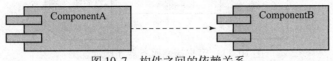

图10.7 构件之间的依赖关系

在构件图中，如果一个构件实现了一个或几个接口，则可以用一条实现将接口和构件连接起来；如果构件和接口之间是依赖关系，则用带箭头的虚线连接，如图10.8所示。

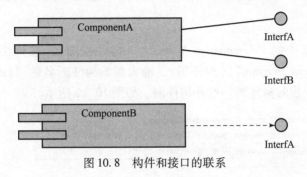

图10.8 构件和接口的联系

10.3.3 部署图

部署图（Deployment Diagram）描述了一个系统运行时的硬件节点、在这些节点上运行的软件构件将在何处物理地运行，以及它们将如何彼此通信的静态视图。

在一个部署图中，包含了两种基本的模型元素：节点（Node）和节点之间的连接（Connection）。在每一个模型中仅包含一个部署图，如图10.9所示。

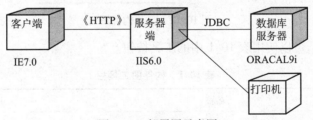

图10.9 部署图示意图

在 Rational Rose 2007 中可以表示的节点类型包括两种，分别是处理器（Processor）和设备（Device）。处理器节点是指那些本身具有计算能力，能够执行各种软件的节点，例如，服务器、工作站等具有处理能力的机器。设备节点是指那些本身不具备处理能力的节点。通常情况下都是通过接口为外部提供某些服务，例如，打印机、扫描仪等。如图10.10所示。

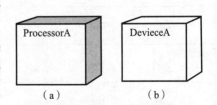

图10.10 处理器和设备示意图
(a) 处理器；(b) 设备

节点之间可以通过光缆、卫星等方式进行连接。通常连接都是双向的。在 UML 中，连接用一条直实线表示，在实线上可以添加连接的名称和构造型。如图 10.11 所示，客户端和服务器是通过 http 方式进行通信的。

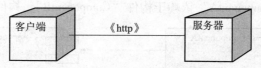

图 10.11　客户端和服务器连接示意图

10.3.4　用 Rational Rose 制作构件图和部署图

1. 构件图

1）创建构件图

右键单击浏览器中的"Component View"（构件视图），在弹出的快捷菜单中选中 "New"→"Component Diagram"（构件图），输入新的构件图名称"LibraryComponent"，生成构件图。双击新生成的构件图，打开构件图。如图 10.12 所示。

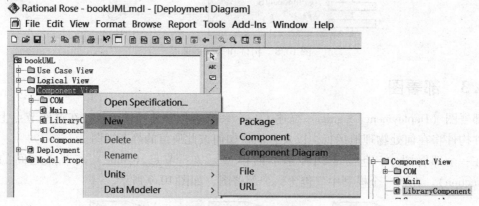

图 10.12　新建构件图

打开构件图后，可以使用表 10.1 中的工具按钮。

表 10.1　构件图工具栏

图标	名称	用途
▶	Selection Tool	选择工具
ABC	Text Box	创建文本框
▭	Note	创建注释
╱	Anchor Note to Item	将注释和类图元素相连

续表

图标	名称	用途
	Component	创建构件
	Package	创建包
	Dependency	创建依赖关系
	Subprogram Specification	创建子程序规范
	Subprogram Body	创建子程序体
	Main Program	创建主程序
	Package Specification	创建包规范
	Package Body	创建包体
	Task Specification	创建任务规范
	Task Body	创建任务体

2）创建和删除构件

在构件图的工具栏中，选中 图标，此时光标变成"+"号，然后在构件图的图形编辑区内任意选择一个位置，单击鼠标左键，便可以创建一个默认名为"NewComponent"的构件。

选中，再单击构件的名字，可以对名称进行修改。

选中构件，右击，选择"Edit"→"Delete from Model"，即可彻底删除构件。

3）设置构件

右击，选择"Open Specification…"，可以打开构件标准规范窗口来设置其详细信息，如名称、构造型、语言、文本、声明、实现类和关联文件等，如图 10.13 所示。

2. 部署图

1）创建部署图

每个系统模型中只存在一个部署图。在新建"Project"的时候，工程目录下就已经创建了一个"Deployment View"的部署视图。双击该视图即可创建部署图。

打开部署视图后，可以看到表 10.2 所示的工具栏。

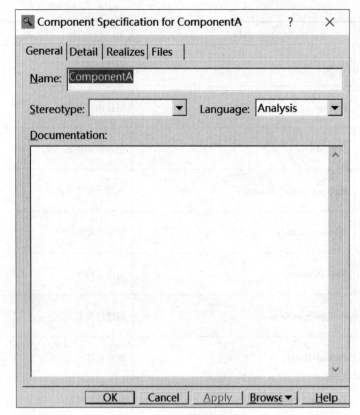

图 10.13 设置构件图

表 10.2 部署图工具栏

图标	名称	用途
	Selection Tool	选择工具
	Text Box	创建文本框
	Note	创建注释
	Anchor Note to Item	将注释和类图元素相连
	Processor	创建处理器
	Connection	创建连接
	Device	创建设备

2) 创建和删除节点

在部署图的图形编辑工具栏中，选中 ▫ 图标，此时光标变成"+"号，然后在部署图的图形边界区内任意选择一个位置，单击鼠标左键，即创建一个处理器节点。

要删除节点，可以选中待删除的节点，单击右键，选择"Edit"→"Delete from Model"，即可彻底删除该节点。

3) 设置节点

选中节点，右击，选择"Open Specification…"，可以打开节点标准规范窗口来设置其详细信息。对于处理器，可以设置名称、构造型、特征、进程及进程调度方式等，如图 10.14 所示。对于设备，可以设置名称、构造型、文本和特征。

4) 设置连接规范

可以选中链接，右击选择"Open Specification…"，打开连接的规范设置窗口来设置连接的属性。可以设置的项目有名称、构造型、文本和特征等信息，如图 10.15 所示。

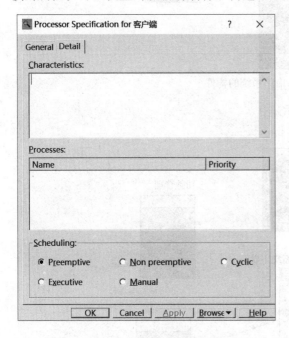

图 10.14 部署图节点设置

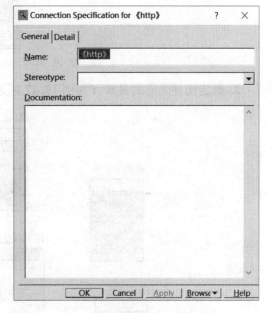

图 10.15 设置部署图的连接

10.4 项目实施

10.4.1 任务 1——创建构件图

1. 确定系统构件

依据图书借阅系统的功能，将系统封装成如图 10.16 所示构件。

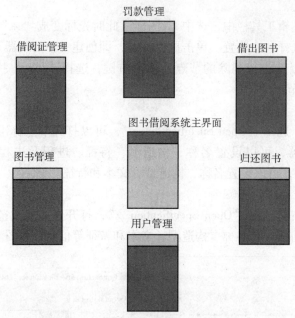

图 10.16　图书借阅系统的构件

2. 确定构件之间的关系（如图 10.17 所示）

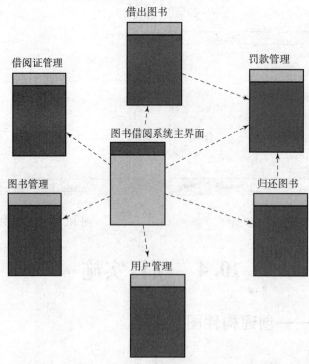

图 10.17　图书借阅系统构件及联系

10.4.2 任务 2——创建部署图

1. 确定系统节点

根据需求,图书借阅系统应该有客户端、Web 服务器和 DB 服务器这些处理器节点。系统要打印借阅证,还应该配置打印机设备。

生成节点如图 10.18 所示。

图 10.18　图书借阅系统部署图节点

2. 添加节点连接

客户端的 PC 机通过 http 协议与 Web 服务器通信;Web 服务器通过 JDBC 与 DB 服务器通信。如图 10.19 所示。

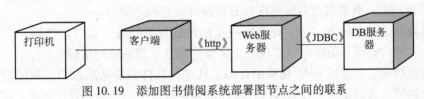

图 10.19　添加图书借阅系统部署图节点之间的联系

10.5　同步训练

课堂上完善图书借阅系统的构件图和部署图。
课后扩展图书借阅系统的构件图和部署图。

10.6　单元习题

(1) 简述构件图的组成元素。
(2) 简述构件图的作用。
(3) 简述在 Rational Rose 中绘制构件图的基本步骤和方法。
(4) 简述部署图的组成元素。
(5) 简述部署图的作用。
(6) 简述在 Rational Rose 中绘制部署图的基本步骤和方法。

综合实验——网络学习平台

一、实验目的

网络学习平台软件建模实验，主要目的是通过一个学生熟悉的信息管理系统，让学生掌握基于面向对象程序设计中的软件功能 UML 建模方法、手段；用例图、类图、序列图、协作图、活动图、包图、构件图、部署图、状态图的创建；以及用 IBM 公司产品 Rational Rose 进行软件建模的方法。

二、实验内容及要求

本实验基于网络学习平台系统，使学生完成一个信息管理系统的分析设计和用 Rational Rose 建模的全过程，具备面向对象程序的分析设计及建模的能力。

本实验设置了 6 个任务，学生每完成一个阶段的设计任务，就可以达到一个阶段的知识、能力和素质的提高，最终可以实现一个完整的信息管理系统的建模。

本次实验培养学生使用 UML 建模语言和工具进行软件系统从需求到实现的设计和开发能力，以使学生成为满足企业在软件应用程序和系统开发中的分析和设计人才。要求注重培训学生的学习兴趣，通过基于工作过程的实验任务，使学生掌握使用 UML 建模语言和工具进行软件系统从需求到实现的设计和开发的技能。要求学生能结合示范项目迅速通过相关的 UML 图获取用户的需求，能迅速读懂程序详细设计开发文档。

三、实验项目及实验内容

单元序号	单元名称	内容提要
1	用例图	1. 绘制网络学习平台的用例图。 2. 写出用例描述
2	类图和对象图	1. 绘制类图，描述属性和方法。 2. 绘制类之间的关系
3	序列图和协作图	1. 绘制网络学习平台的序列图。 2. 绘制网络学习平台的协作图
4	活动图	绘制活动图：用活动图描述业务流程和程序处理逻辑
5	状态图	绘制状态图：用状态图描述对象状态及状态的变迁
6	包图、构件图、部署图	1. 绘制构件图：描述系统构件。 2. 绘制部署图：描述系统的服务器和设备。 3. 绘制包图：描述系统包及包结构

四、网络学习平台实验报告

子项目1：用例图

实验室名称	＊＊＊实验室
实验日期	yyyy – mm – dd
学时	2

（一）实验任务书

任务描述：
①绘制网络学习平台的用例图。
②写出用例描述。

任务验收标准：
①用例图：正确使用图标符号；正确完整地描述系统需求。
②用例描述：正确完整地描述用例的业务规则、操作流程。

（二）预习内容

用例建模是 UML 建模的一部分，用在需求分析阶段。用例建模的最主要功能就是表达系统的功能性需求或行为。用例建模可分为用例图和用例描述。用例图由参与者（Actor）、用例（Use Case）、系统边界、联系组成，用画图的方法来完成。用例描述用来详细描述用例图中每个用例，用文本文档来完成。

用例图描述的是参与者所理解的系统功能，主要元素是用例和参与者，帮助开发团队以一种可视化的方式理解系统的功能需求。这时处于项目初始，分析用户需求的阶段，不需要实现具体的功能，只要能向客户形象化地表述项目的功能就可以了。

（三）实验实施

本系统具有功能模块如图1所示。
系统有三大功能，供教师和学生使用：

1. 理论及实践课程学习功能

学生：
①下载教学大纲、教学日历、考核方式、教案、课程视频。
②下载实践课程指导和示范视频。

教师：
①上传课程资源。
②下载课程资源。

2. 题库练习及测试功能

学生：
可以选择练习模式或者考试模式，进行课后练习及期末考试。

教师：
维护各个课程的题库。

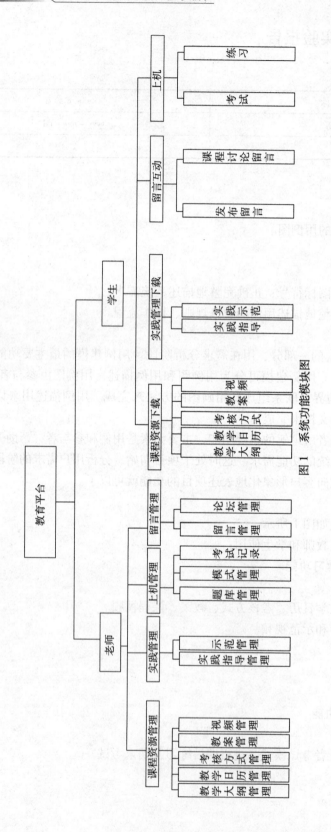

图 1 系统功能模块图

3. 论坛交流功能

学生：

留言及回复。

教师：

留言及回复。

用例图：

教师用例图如图2所示。教师（参与者）能够通过该系统进行如图2所示活动。

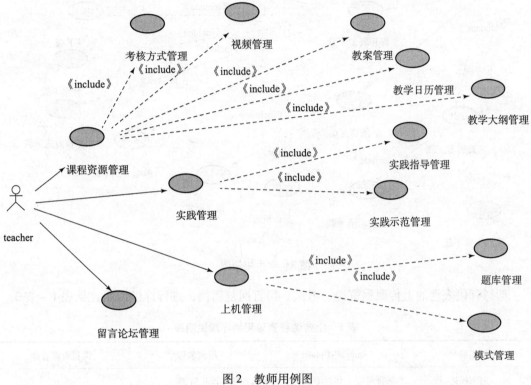

图2 教师用例图

学生用例图如图3所示。学生（参与者）能够通过该系统进行如图3所示活动。

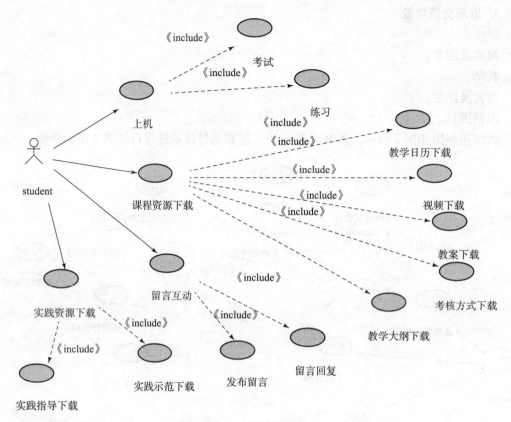

图 3 学生用例图

选择有代表性的上传课程资源、考试、留言回复用例，进行详细说明，见表1～表3。

表 1 上传课程资源用例详细说明表

功能编号	studyMisUpload	用例名称	课程资源管理
用例描述	教师可以上传教学日历、教案、视频等课程资源		
优先级	高		
参与者	教师		
前置条件	教师成功登录到系统		
后置条件	资源入库		
事件流	基本流 1. 教师：文件目录中选中课程资源，单击"上传"按钮。 2. 系统：将本地资源上传到服务器。 3. 系统：提示上传成功		

表 2　考试用例详细说明表

功能编号	studyMisExam	用例名称	考试
用例描述	学生登录，考试答题，系统给出成绩		
优先级	高		
参与者	学生		
前置条件	学生成功登录到系统		
后置条件	记录答题结果，试卷成绩		
事件流	基本流 1. 系统：根据组卷规则，从题库中抽题组卷。 2. 学生：答题。 3. 系统：记录答案及过程分数。 4. 学生：交卷。 5. 系统：给出最终成绩		

表 3　论坛回复留言用例详细说明表

功能编号	studyMisReply	用例名称	回复留言
用例描述	教师或学生针对留言进行回复		
优先级	高		
参与者	教师、学生		
前置条件	教师或学生成功登录到系统		
后置条件	记录回复内容		
事件流	基本流 1. 系统：显示留言信息。 2. 教师或学生：选中留言，点回复按钮。 3. 教师或学生：录入回复信息。 4. 系统：记录回复信息。 5. 系统：显示留言及回复		

（四）总结、思考与讨论

由参与者、用例及它们之间的关系构成的用于描述系统功能的视图称为用例图。用例图是需求分析中的产物，主要描述参与者与用例之间的关系，帮助开发人员可视化地了解系统的功能。

参与者不是特指人，是指系统以外的，在使用系统或与系统交互中所扮演的角色。因此，参与者可以是人，可以是事物，也可以是时间或其他系统等。还有一点要注意的是，参与者不是指人或事物本身，而是表示人或事物当时所扮演的角色。

子项目 2：类图

实验室名称	＊＊＊实验室
实验日期	yyyy – mm – dd
学时	4

（一）实验任务书

任务描述：

①绘制类图，描述属性和方法。

②绘制类之间的关系。

任务验收标准：

①类图：正确使用图标符号；类的属性方法设计完整合理。

②类之间的关系：正确使用图标符号，关系描述完整合理。

（二）预习内容

类图显示了系统的静态结构，而系统的静态结构构成了系统的概念基础。类图就是用于对系统中的各种概念进行建模，并描绘出它们之间的关系的图。

（三）实验实施

系统采用三层架构：表示层＋业务逻辑层＋数据访问层的实现方式。"课程资源管理"的功能包括课程资源上传、下载、删除，为类的设计提供相关方法，如图 4 所示。

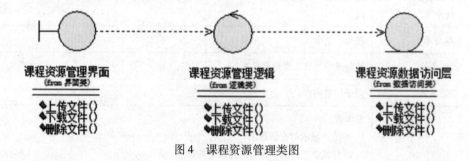

图 4　课程资源管理类图

"题库管理"功能包括题库的增、删、改、查。类的设计如图 5 所示。

图 5　题库管理类图

"试题规则管理"功能包括试题规则的增、删、改、查。类的设计如图 6 所示。

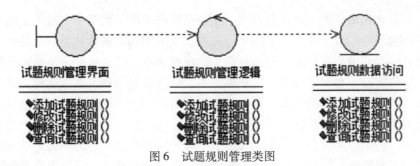

图 6　试题规则管理类图

"学生上机考试"涉及登录、试卷生成、答题、记录答案、交卷、计算分数等功能。类图设计如图 7 所示。

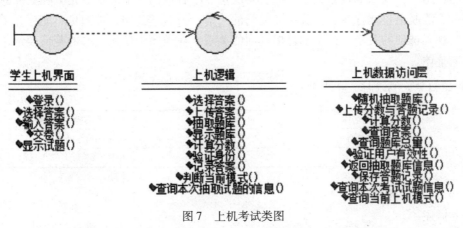

图 7　上机考试类图

"论坛管理"功能包括发布留言、回复留言、查看删除留言等。论坛类图设计如图 8 所示。

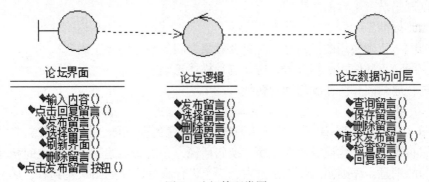

图 8　论坛管理类图

（四）总结、思考与讨论

在画类图的时候，着重描述类的属性和方法；理清类和类之间的关系。类的关系有泛化、实现、依赖和关联。其中关联又分为一般关联关系、聚合关系和组合关系。

泛化：是对象之间耦合度最大的一种关系，子类继承父类的所有细节。直接使用语言中的继承表达。在类图中使用带三角箭头的实线表示，箭头从子类指向父类。

实现：在类图中就是接口和实现的关系。在类图中使用带三角箭头的虚线表示，箭头从实现类指向接口。

依赖：对象之间最弱的一种关联方式，是临时性的关联。代码中一般指由局部变量、函数参数、返回值建立的对于其他对象的调用关系。一个类调用被依赖类中的某些方法而得以完成这个类的一些职责。在类图中使用带箭头的虚线表示，箭头从使用类指向被依赖的类。

关联：对象之间一种引用关系，比如客户类与订单类之间的关系。这种关系通常使用类的属性表达。关联又分为一般关联、聚合关联与组合关联。在类图使用带箭头的实线表示，箭头从使用类指向被关联的类。可以是单向和双向。

聚合：是一种不稳定的包含关系。较强于一般关联，有整体与局部的关系，并且没有了整体，局部也可单独存在。如公司和员工的关系，公司包含员工，但如果公司倒闭，员工依然可以换公司。在类图中使用空心的菱形表示，菱形从局部指向整体。

组合：是一种强烈的包含关系。组合类决定被组合类的生命周期。是一种更强的聚合关系。部分不能脱离整体存在。如公司和部门的关系，没有了公司，部门也不能存在了；调查问卷中问题和选项的关系；订单和订单选项的关系。在类图中使用实心的菱形表示，菱形从局部指向整体。

子项目3：序列图与协作图

实验室名称	＊＊＊实验室
实验日期	yyyy－mm－dd
学时	4

（一）实验任务书

任务描述：

①绘制网络学习平台的序列图。

②绘制网络学习平台的协作图。

任务验收标准：

①序列图：正确使用图标符号；对象及对象之间的交互顺序正确。

②协作图：正确使用图标符号，协作流程描述正确、全面。

③会进行序列图和协作图之间的转换。

（二）预习内容

序列图（Sequence Diagram）是强调消息时间顺序的交互图，描述类系统中类与类之间的交互，它将这些交互建模成消息互换。换句话说，序列图描述了类与类之间相互交换以完成期望行为的消息。序列图的特点是清晰，一个设计很好的序列图从左到右、从上到下可以很好地表示出系统数据的流向，为接下来的系统设计做好铺垫。

协作图（Collaboration Diagram）是一种交互图（interaction diagram），强调的是发送和接收消息的对象之间的组织结构。一个协作图显示了一系列的对象和在这些对象之间的联系，以及对象间发送和接收的消息。对象通常是命名或匿名的类的实例，也可以代表其他事物的实例，例如协作、组件和节点。使用协作图来说明系统的动态情况。

（三）实验实施

1. 教师进行课程资源管理（上传教学视频为例）

事件流如下：

教师：课程资源界面选择上传教学视频，单击"上传"按钮。
系统：上传文件。
系统：提示上传成功！
序列图如图 9 所示。

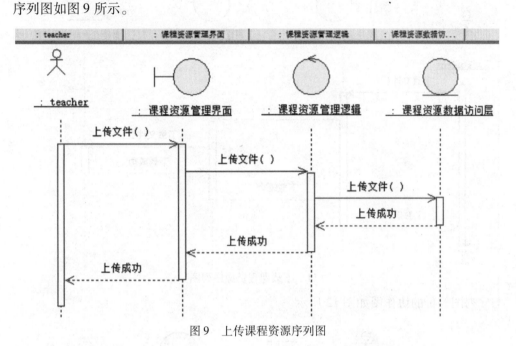

图 9　上传课程资源序列图

与序列图等价的协作图如图 10 所示。

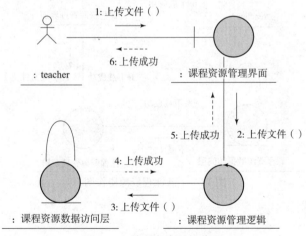

图 10　上传课程资源协作图

2. 学生下载课程资源

事件流如下：
学生：选中课程资源，单击"下载"按钮。
系统：下载文件。
系统：提示下载成功！

序列图如图 11 所示。

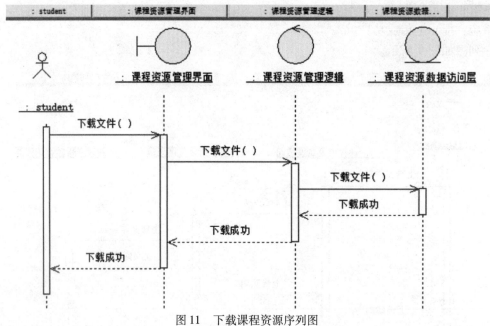

图 11　下载课程资源序列图

与序列图等价的协作图如图 12 所示。

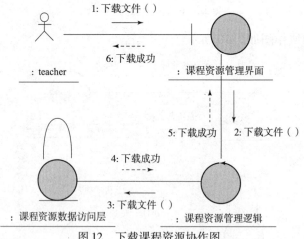

图 12　下载课程资源协作图

3. 学生上机考试

事件流如下：

学生：进行登录。

系统：按照试题组卷规则抽取试题。

学生：进行答题。

学生：答题完毕，进行交卷。

系统：交卷成功后会提示交卷成功，计算分数并记录。

序列图如图 13 所示。

第 10 章 构件图和部署图

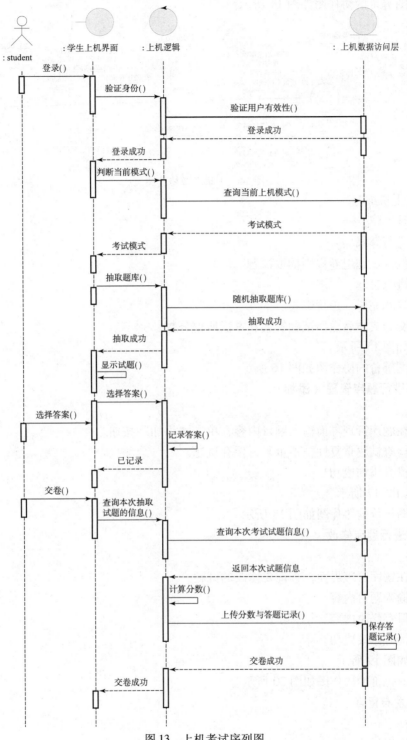

图 13 上机考试序列图

与序列图等价的协作图如图 14 所示。

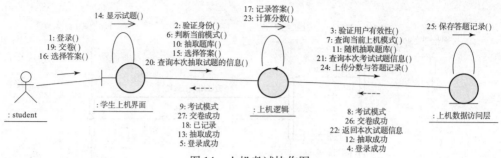

图 14　上机考试协作图

4. 学生上机练习

事件流：

学生：进行登录。

系统：按照试题组卷规则抽取试题。

学生：进行答题。

学生：答题完毕，进行交卷。

系统：交卷成功后返回试题答案和本次所得分数。

序列图如图 15 所示。

与序列图等价的协作图如图 16 所示。

5. 老师进行题库管理（添加）

事件流：

老师：在题库管理界面输入题目内容，单击"添加"按钮。

系统：检查试题重复性，不重复，保存试题。

系统：提升添加成功！

序列图如图 17 所示。

与序列图等价的协作图如图 18 所示。

6. 老师进行题库修改

事件流：

老师：在题库管理界面，查询要修改的试题。

老师：输入题目内容。

系统：保存修改内容。

系统：提升修改成功。

序列图如图 19 所示。

与序列图等价的协作图如图 20 所示。

7. 学生发布留言

事件流：

学生：论坛界面，输入内容，单击"发布留言"按钮。

系统：发布留言。

系统：留言发布成功后，会自动刷新页面。

序列图如图 21 所示。

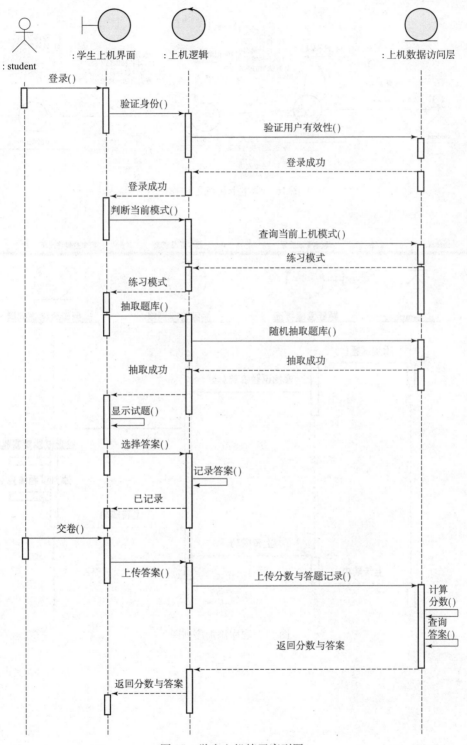

图 15　学生上机练习序列图

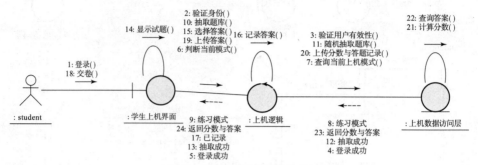

图 16 学生上机练习协作图

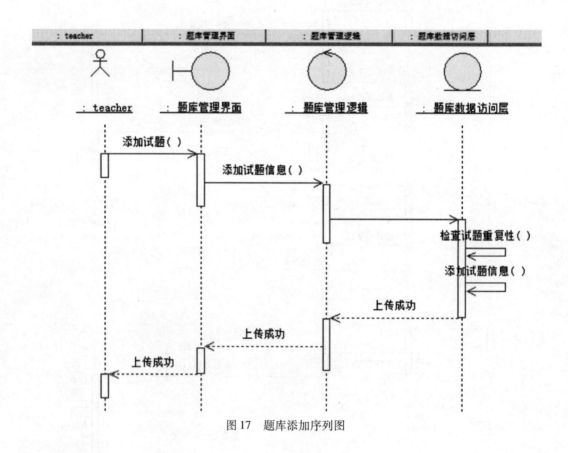

图 17 题库添加序列图

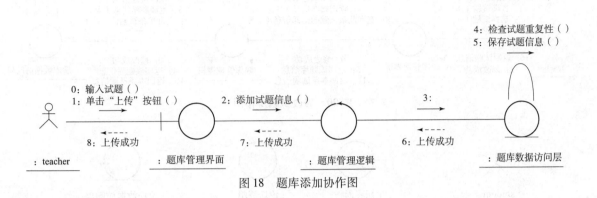

图 18　题库添加协作图

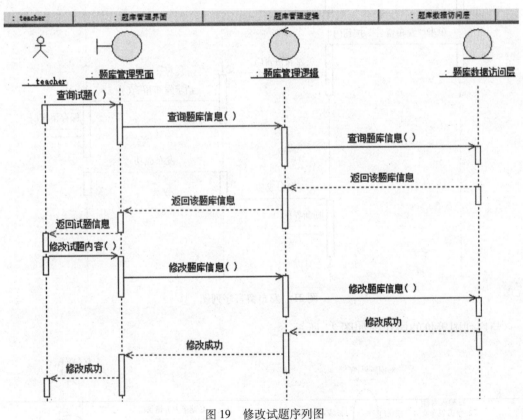

图 19　修改试题序列图

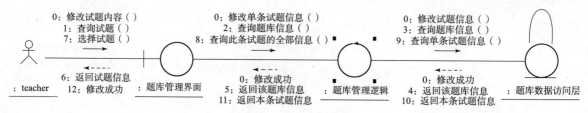

图 20　修改试题协作图

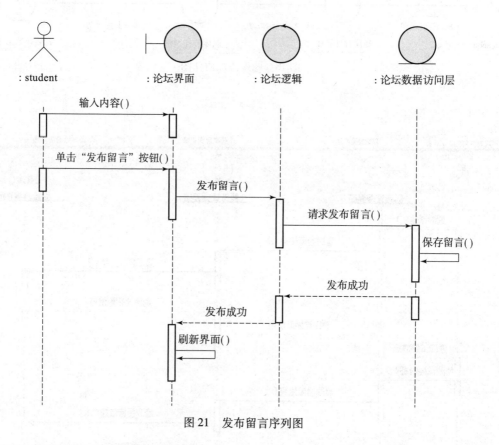

图 21　发布留言序列图

与序列图等价的协作图如图 22 所示。

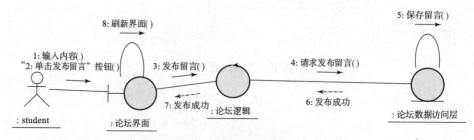

图 22　发布留言协作图

8. 老师进行留言管理（回复）

事件流：

老师：在论坛界面选择需要回复的留言。

老师：输入回复内容，进行回复。

系统：回复成功后会自动刷新页面。

序列图如图 23 所示。

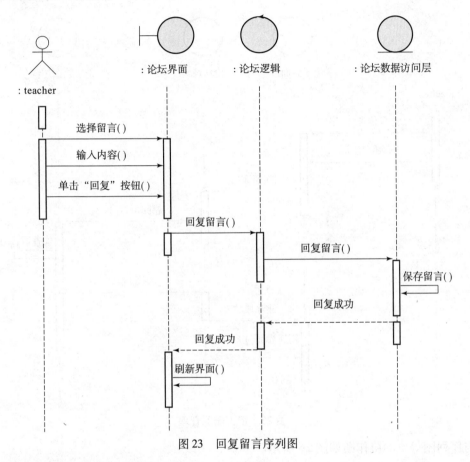

图 23　回复留言序列图

与序列图等价的协作图如图 24 所示。

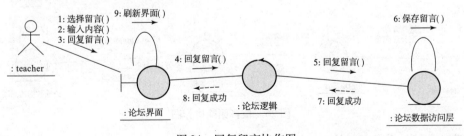

图 24　回复留言协作图

9. 教师进行留言删除

事件流：

教师：在论坛界面选中单条留言。

教师：选择删除留言。

系统：删除成功后返回刷新界面，留言消失。

序列图如图 25 所示。

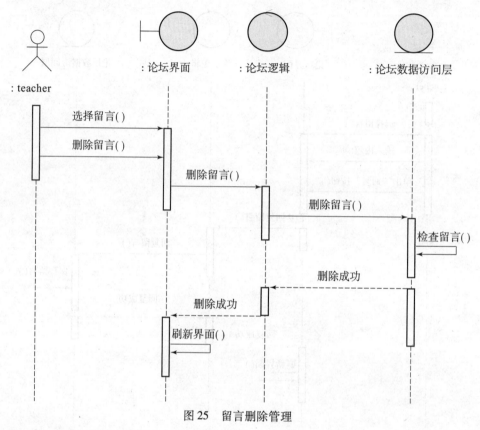

图 25　留言删除管理

与序列图等价的协作图如图 26 所示。

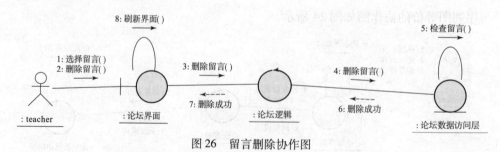

图 26　留言删除协作图

（四）总结、思考与讨论

协作图和序列图都是交互图，它们既等价，又有所区别。序列图表示了时间消息序列，但没有表示静态对象关系。序列图可以有效地标注我们观察系统的顺序行为。而协作图用于表示一个协同中对象之间的关系和消息，以及描述一个操作或分类符的实现。在对系统进行行为建模时，通常是用序列图按时间顺序对控制流建模，用协作图按对象组织对控制流建模。

子项目 4：活动图

实验室名称	＊＊＊实验室
实验日期	yyyy – mm – dd
学时	2

（一）实验任务书

任务描述：

绘制活动图：用活动图描述业务流程和程序处理逻辑。

任务验收标准：

①正确使用图标符号；

②业务流程及程序处理逻辑正确、合理、全面。

（二）预习内容

活动状态用于表达状态机中的非原子的运行，其特点如下：

①活动状态可以分解成其他子活动或者动作状态。

②活动状态的内部活动可以用另一个活动图来表示。

③和动作状态不同，活动状态可以有入口动作和出口动作，也可以有内部转移。

④动作状态是活动状态的一个特例，如果某个活动状态只包括一个动作，那么它就是一个动作状态。

UML 中活动状态和动作状态的图标相同，但是活动状态可以在图标中给出入口动作和出口动作等信息。

活动图描述的是对象活动的顺序关系所遵循的规则，它着重表现的是系统的行为，而非系统的处理过程。活动图能够表示并发活动的情形，活动图是面向对象的。

（三）实验实施

系统的活动图是用来描述系统的参与者是如何协同工作的。网络学习平台系统可以创建学生上机、学生下载课程资源中的视频、学生留言的活动图。

1. 学生下载课程资源中的视频的活动图

具体的活动过程描述如下：

①学生进入课程资源管理界面。

②选择需要的课程。

③选择下载视频。

根据上述过程，创建学生下载课程资源中的视频的活动图，如图 27 所示。

2. 学生上机的活动图

具体的活动过程描述如下：

①学生登录。

②检测上机模式，上机模式如果是考试，则进入考试模式；是练习，则进入练习模式。

a. 进入考试模式

抽取试题
学生答题
答题完毕学生交卷
后台上传答题信息
计算分数
保存答题信息
b. 进入练习模式
抽取试题
学生答题
答题完毕交卷
查看本次答题得分和答案

根据上述过程，创建学生上机的活动图，如图 28 所示。

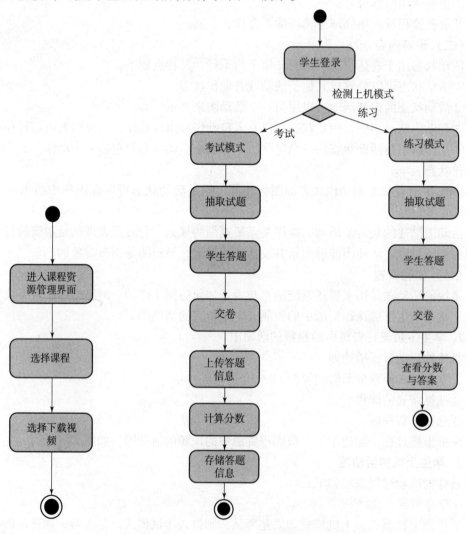

图 27　下载视频活动图　　　　　　　图 28　学生上机状态图

3. 教师进行试题修改的活动图

具体的活动过程描述如下：
①教师进入题库管理界面。
②选择对应课程的题库。
③选中单一试题，选择修改。
④保存修改后的试题信息。
⑤保存成功，则修改成功；保存失败，则修改失败。
根据上述过程，创建教师试题修改的活动图，如图 29 所示。

4. 学生进行留言的活动图

具体的活动过程描述如下：
①学生登录，登录成功后进入论坛界面。
②失败，无法进入论坛界面。
③学生输入要留言的内容。
④发布留言。
⑤发布留言成功。
根据上述过程，创建学生留言的活动图，如图 30 所示。

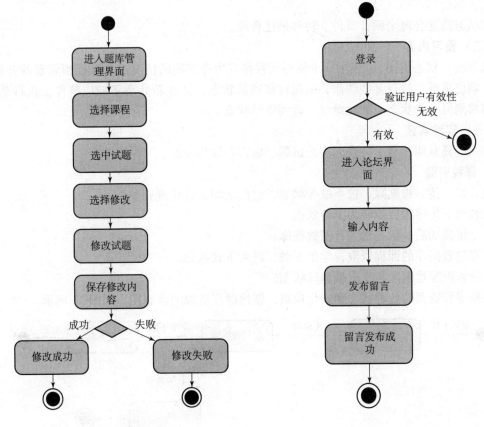

图 29 试题修改活动图　　　　图 30 留言活动图

（四）总结、思考与讨论

UML 活动图中包含的图形元素有动作状态、活动状态、组合状态、分叉和结合、分支和合并、泳道、对象流。

并发指的是在同一时间间隔内，有两个或两个以上的活动执行。

活动图是一种用于系统行为的建模工具。它能支持对并发行为的描述，使其成为对工作流建立模型的强大工具，尤其适合多线程的程序建模。活动图的一个主要缺点是动作与对象之间的连接关系不够清晰，所以，活动图最好和其他的行为建模工具一起使用。

子项目 5：状态图

实验室名称	＊＊＊实验室
实验日期	yyyy – mm – dd
学时	2

（一）实验任务书

任务描述：

绘制状态图：用状态图描述对象状态及状态的变迁。

任务验收标准：

①正确使用图标符号；

②状态描述合理全面，事件、转移描述合理。

（二）预习内容

状态图（状态机图）：表示一个模型元素在其生命期间的情况：从该模型元素的开始状态起，响应事件，执行某些动作，引起转移到新状态，又在新状态下响应事件，执行动作，引起转移到另一个状态，如此继续，直到终结状态。

（三）实验实施

本系统具有明确状态转换的类是试题、留言和课程资源。

1. 课程资源

包含被上传、被删除、被下载等状态，它们之间的转化规则如下：

①教师上传课程资源转为上传状态。

②上传成功后，状态转为存储数据库。

③存储数据库的课程资源，学生下载，进入下载状态。

④课程资源被删除，变成被删除状态。

根据课程资源的各种状态和转化规则，创建课程资源的状态图，如图 31 所示。

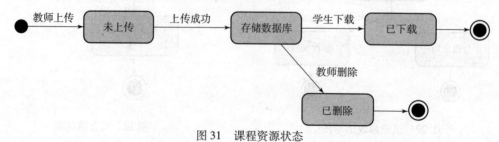

图 31　课程资源状态

2. 试题

包含入库、存储、调出、被删除、修改状态，它们之间的转化规则如下：
①试题被添加进数据库，变成入库状态。
②入库后变成存储状态。
③试题因练习或考试调出，为调出状态。
④对试题进行修改，进入修改状态。
⑤试题被删除，变成被删除状态。
根据试题的各种状态和转化规则，创建试题的状态图，如图32所示。

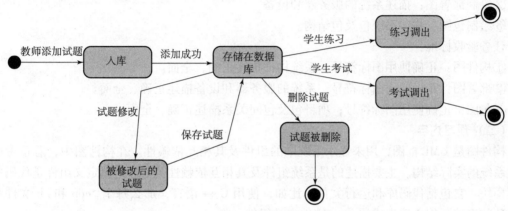

图32 试题状态图

3. 留言

包含存在、被删除、修改状态，它们之间的转化规则如下：
（1）用户进行留言，新建留言，进入存储留言状态。
（2）存储留言删除后，变成删除状态。
（3）存储留言有回复，变成被回复留言。
根据留言的各种状态和转化规则，创建留言的状态图，如图33所示。

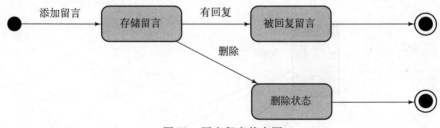

图33 用户留言状态图

（四）总结、思考与讨论

在UML中使用交互图、状态图和活动图来表示系统的动态行为。状态图和交互图在对系统行为进行建模时的侧重点不同。状态模型为一个对象的生命周期的情况建立模型，而交互模型表示多个对象在一起工作完成某一服务。状态图适合描述一个对象穿过多个用例的行为，但是状态图不适合描述多个对象的协调行为。

子项目6：构件图、部署图和包图

实验室名称	＊＊＊实验室
实验日期	yyyy – mm – dd
学时	2

（一）实验任务书

任务描述：

①绘制构件图：描述系统构件。

②绘制部署图：描述系统的服务器和设备。

③绘制包图：描述系统包及包结构。

任务验收标准：

①构件图：正确使用图标符号；系统构件描述正确、全面。

②部署图：正确使用图标符号；系统的服务器和设备描述正确、全面。

③包图：正确使用图标符号；项目包及包间关系描述正确、全面。

（二）预习内容

构件图是 UML 框图，用来显示系统中的组件及其相互依赖性。在构件图中，着重考虑的是系统的实际结构。主要描述的是系统组件及其相互依赖性关系。这里定义组件是代码的物理模块。它包括代码库和运行文件。比如，使用 C++ 语言，那么每个.cpp 和.h 文件都是单独的组件。编译后生成的.exe 文件也是组件。

相比构件图，部署图考虑的是应用程序的物理部署，如网络布局和组件在网络上的位置的问题。部署图显示了网络中的所有节点、节点间的连接和每个节点上运行的过程。它是对硬件物理设备的描述。

包是将一些具有共性的类组合在一起。在 ROSE 建模中，包的作用相当于目录结构，但它与某些编程语言的包组织功能相对应。

（三）实验实施

本系统构件图如图 34 所示。

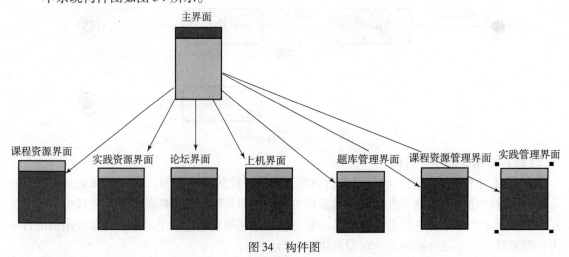

图 34　构件图

本系统的部署图如图 35 所示。

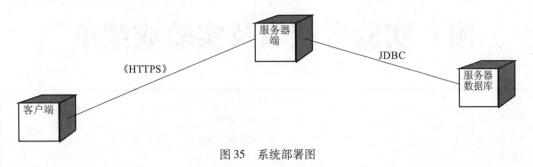

图 35　系统部署图

本系统的包图如图 36 所示。

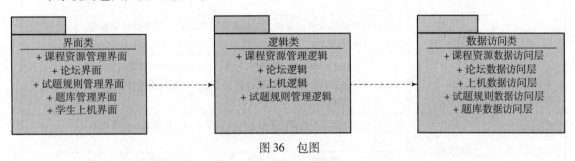

图 36　包图

（四）总结、思考与讨论

UML 提供了两种物理表示图形：构件图和部署图，构件图表示系统中的不同物理构件及联系，它表达的是系统代码本身的结构。部署图由节点构成，节点代表系统的硬件，构件在节点上驻留并执行。配置图表示的是系统软件构件与硬件之间的关系，它表达的是运行系统的结构。

包是一种概念性的管理模型的图形工具，只在软件开发的过程中存在。包可以用于组织一个系统模型，一个系统的框架、模型和子系统等也可以看作是特殊的包。通过对包的合理规划，系统模型的实现者能够在高层把握系统的结构，反映出系统的高层次架构。

附：实验考核表及实验成绩单

实验考核表				
课程名称		软件建模		
实验名称		软件建模综合实验		
考核类别	考核内容	评分标准		分数
平时考核 （20分）	到课率	无故旷课，本次实验成绩为0；上课不准时、有迟到现象、随意离开等，发现1项扣1分。		5
	清理整洁	没有进行实验室设备的维护、实验室不整洁卫生、携带饮料早餐等，发现1项扣1分。		5
	实验预习	没有在实验前进行相关的实验知识的复习、没有对本次实验进行合理的预习、没有对实验操作的步骤进行初步了解、没有对预习内容进行回答等，每项可扣除2～3分。		10
操作考核 （70分）	实验表现	实验过程中，态度不认真、不与老师和同学互动、玩游戏、玩手机等，发现问题，每项可扣1～2分。		5
		实验过程中，程序操作掌握不熟练、不能胜任所分配任务，与他人合作沟通不流畅，每项可扣1～2分。		5
	实验操作	1.1 绘制用例图。图形符号使用不正确，需求描述不正确、全面。每项可扣除1～3分。		5
		1.2 编写用例图说明。内容描述不正确全面。每项可扣除1～3分。		5
		2.1 绘制类图。图形符号使用不正确，属性、方法、参数内容不正确。每项可扣除1～3分。		5
		2.2 绘制类图的关联。图形符号使用不正确，关联不正确。每项可扣除1～3分。		5
		3 绘制序列图。图形符号使用不正确，程序逻辑描述不正确。每项可扣除1～5分。		10
		4 绘制协作图。图形符号使用不正确，逻辑描述不正确、清晰。每项可扣除1～3分。		5
		5 绘制活动图。图形符号使用不正确，逻辑描述不正确。每项可扣除1～5分。		10
		6 绘制状态图。图形符号使用不正确，逻辑描述不正确。每项可扣除1～3分。		5
		7 绘制构件图、部署图、包图。图形符号使用不正确，内容不正确。每项可扣除1～5分。		10
实验报告 （10分）	实验报告	不按时上交实验报告、报告内容不合理完整、数据分析不准确、格式不符合要求等。每项可扣1～2分。		10
其他说明				

实验成绩单

序号	实验项目名称	实验成绩	备注
1	子项目1 用例图		
2	子项目2 类图和对象图		
3	子项目3 序列图和协作图		
4	子项目4 活动图		
5	子项目5 状态图		
6	子项目6 包图、构件图、部署图		
	实验成绩		
备注			

参 考 文 献

[1] 胡荷芬，吴绍兴，高斐. UML 系统建模基础教程［M］. 北京：清华大学出版社，2010.

[2] 吴建，郑潮，汪杰. UML 基础与 Rose 建模案例（第 3 版）［M］. 北京：人民邮电出版社，2012.

[3] 陈承欢. UML 软件建模任务驱动教程（第 2 版）［M］. 北京：人民邮电出版社，2015.

[4] 刁成嘉. UML 系统建模与分析设计［M］. 北京：机械工业出版社，2007.

[5] 王先国. UML 基础与建模实践教程［M］. 北京：机械工业出版社，2015.

[6] 袁涛，孔蕾蕾. 统一建模语言 UML（第 2 版）［M］. 北京：清华大学出版社，2014.

[7] 侯爱民，欧阳骥，胡传福. 面向对象分析与设计（UML）［M］. 北京：清华大学出版社，2015.

[8] 谭火彬. UML2 面向对象分析与设计［M］. 北京：清华大学出版社，2013.

[9] 杨弘平. UML2 基础、建模与设计教程［M］. 北京：清华大学出版社，2015.